现代建筑结构及其优化设计

李 江 著

吉林科学技术出版社

图书在版编目（CIP）数据

现代建筑结构及其优化设计 / 李江著 . -- 长春：
吉林科学技术出版社 , 2023.8
ISBN 978-7-5744-0892-0

Ⅰ . ①现… Ⅱ . ①李… Ⅲ . ①建筑结构—结构设计—
研究 Ⅳ . ① TU318

中国国家版本馆 CIP 数据核字 (2023) 第 182704 号

现代建筑结构及其优化设计
Xiandai Jianzhu Jiegou Jiqi Youhua Sheji

著　　者	李　江
出 版 人	宛　霞
责任编辑	王凌宇
封面设计	道长矣
制　　版	道长矣
幅面尺寸	170mm×240mm
开　　本	16
字　　数	120 千字
印　　张	12.25
印　　数	1-1500 册
版　　次	2023 年 8 月第 1 版
印　　次	2024 年 2 月第 1 次印刷

出　　版	吉林科学技术出版社
发　　行	吉林科学技术出版社
地　　址	长春市南关区福祉大路 5788 号出版大厦 A 座
邮　　编	130118
发行部电话 / 传真	0431-81629529　81629530　81629531
	81629532　81629533　81629534
储运部电话	0431-86059116
编辑部电话	0431-81629510
印　　刷	三河市嵩川印刷有限公司

书　　号	ISBN 978-7-5744-0892-0
定　　价	80.00 元

前　言

　　建筑结构设计优化是指对建筑结构方案、结构计算、施工图配筋等进行优化，将建筑物的钢筋混凝土含量指标控制在最低水平，以实现项目利益的最大化。为了达到建筑结构优化设计的目的，工程设计人员必须在保证结构安全和建筑功能的前提下，通过对建筑结构的整体概念分析，采用合理的优化设计理念和方法进行优化设计，以有效控制工程造价，满足投资方的经济性要求。通过以往的优化设计经验，相比于传统的设计方法，优化设计通常可以达到降低工程造价10%～20%的目的。为了降低工程造价的成本，提高设计人员在实际工作中对优化设计的认识和重视非常必要。只有加强技术和经济效益的有效结合，通过合理地优化设计方案，才能创造更大的社会效益。在保证结构安全的前提下，尽量优化结构设计，有效地控制工程造价是现代建筑结构设计人员所追求的目标。

　　本书是一本关于建筑结构设计方面的书籍。首先从建筑结构的基础概述介绍入手，针对建筑结构常用材料中的混凝土、钢筋、钢筋混凝土、劲性与钢管混凝土以及木材与砌体进行了分析研究；其次对建筑结构抗震设计、装配式混凝土建筑结构设计做了一定的介绍；最后对建筑设计中的结构优化设计的体系、概念设计影响及方法提出了一些建议。旨在摸索出一条适合现代建筑结构设计工作的科学道路，帮助其工作者在应用中少走弯路，运用科学方法，提高效率。

　　另外，作者在撰写本书时参考了国内外同行的许多著作和文献，在此一并向涉及的作者表示衷心的感谢。由于作者水平有限，书中难免存在不足之处，恳请读者批评指正。

目　　录

第一章　建筑结构基础概述

第一节　建筑结构的要求及分类

一、建筑和结构的关系

建筑和结构的统一体即建筑物，具有两个方面的特质：一是它的内在特质，即安全性、适用性和耐久性；二是它的外在特质，即使用性和美学要求。前者取决于结构，后者取决于建筑。

结构是建筑物赖以存在的物质基础，在一定的意义上，结构支配着建筑。这是因为，任何建筑物都要耗用大量的材料和劳力来建造，建筑物必须抵抗（或承受）各种外界的作用（如重力、风力、地震等），合理地选择结构材料和结构形式，既可以满足建筑物的美学要求，又可以带来经济效益。

一个成功的设计必然以经济合理的结构方案为基础。在决定建筑设计的平面、立面和剖面时，就应当考虑结构方案的选择，使之既满足建筑的使用和美学要求，又照顾到结构的可能和施工的难易。

现在，每一个从事建筑设计的建筑师，都或多或少地承认结构知识的重要性。但是在传统观念的影响下，他们常常被优先培养成一个艺术家。在一个设计团队中，往往需要建筑师来沟通和结构工程师之间的关系，在设计的各个方面充当协调者。而现代建筑技术的发展，新材料和新结构的采用，又使建筑师在技术方面的知识受到局限。只有对基本的结构知识有较深刻的了解，建筑师才有可能胜任自己的工作，处理好建筑和结构的关系；反之，不是结构妨碍建筑，就是建筑给结构带来困难。

美观对结构的影响是不容否认的。当结构成为建筑表现一个完整的部分时，就必定能建造出较好的结构和更满意的建筑。例如，北京奥运会主体育场，外露的空间钢结构恰当地表现了"巢"的创意。今天的问题已经不是"可不可以建造"的问题，而是"应不应该建造"的问题。建筑师除了在建筑方面有较高的修养，还应当在结构方面有一定的造诣。

二、建筑结构的基本要求

(一) 平衡

平衡的基本要求是保证结构和结构的任何一部分都不发生运动，力的平衡条件总能得到满足。从宏观上看，建筑物应该总是静止的。

平衡的要求是结构与"机构"，即几何可变体系的根本区别。建筑结构的整体或结构的任何部分都应当是几何不变的。

(二) 稳定

整体结构或结构的一部分作为刚体不允许发生危险的运动。这种危险可能来自结构自身，例如，雨篷的倾覆；也可能来自地基的不均匀沉降或地基土的滑移(滑坡)。

(三) 承载能力

结构或结构的任何一部分在预计的荷载作用下必须安全可靠，具备足够的承载能力。结构工程师对结构的承载能力负有不容推卸的责任。

(四) 适用

结构应当满足建筑物的使用目的，不应出现影响正常使用的过大变形、过宽的裂缝、局部损坏、振动等。

(五) 经济

现代建筑的结构部分造价通常不超过建筑总造价的30%，因此结构的采用应当使建筑的总造价最经济。结构的经济性并不是指单纯的造价，而是体现在多个方面。结构的造价不仅受材料和劳动力价格比值的影响，还受施工方法、施工速度以及结构维护费用(如钢结构的防锈、木结构的防腐等)的影响。

(六) 美观

美学对结构的要求有时甚至超过承载能力的要求和经济要求，尤其是象征性建筑和纪念性建筑更是如此。纯粹质朴和真实的结构会增加美的效果，不正确的结构将明显地损害建筑物的美观。

为了实现上述各项要求，在结构设计中就应贯彻执行国家的技术经济政策，做到安全、适用、经济、耐久，保证质量，实现结构和建筑的和谐统一。

三、建筑结构的分类和结构选型

(一) 建筑结构的分类

1. 按材料分类

(1) 混凝土结构

混凝土结构包括素混凝土结构、钢筋混凝土结构和预应力混凝土结构。钢筋混凝土和预应力混凝土结构，都由混凝土和钢筋两种材料组成。钢筋混凝土结构是应用最广泛的结构。除一般工业与民用建筑外，许多特种结构 (如水塔、水池、高烟囱等) 也用钢筋混凝土建造。

混凝土结构具有节省钢材、就地取材 (指占比例很大的砂、石料)、耐火耐久、可模性好 (可按需要浇捣成任何形状)、整体性好的优点。缺点是自重较大、抗裂性较差等。

(2) 钢结构

钢结构是以钢材为主制作的结构，主要用于大跨度的建筑屋盖 (如体育馆、剧院等)、吊车吨位很大或跨度很大的工业厂房骨架和吊车梁以及超高层建筑的房屋骨架等。

钢结构材料的优点是质量均匀、强度高，构件截面小、重量轻，可焊性好、制造工艺比较简单，便于工业化施工。缺点是钢材易锈蚀、耐火性较差、价格较贵。

(3) 木结构

木结构是以木材为主制作的结构，由于受自然条件的限制，我国木材相当缺乏，目前仅在山区、林区和农村有一定的采用。

木结构的优点是制作简单，自重轻，加工容易。缺点是木材易燃、易腐、易受虫蛀。

2. 按受力和构造特点分类

（1）混合结构

混合结构的楼、屋盖一般采用钢筋混凝土结构构件，而墙体及基础等采用砌体结构，"混合"之名即由此而得。

（2）排架结构

排架结构的承重体系是屋面横梁（屋架或屋面大梁）和柱及基础，主要用于单层工业厂房。屋面横梁与柱的顶端铰接，柱的下端与基础顶面固接。

（3）框架结构

框架结构由横梁和柱及基础组成主要承重体系。框架横梁与框架柱为刚性连接，形成整体刚架；底层柱脚也与基础顶面固接。

（4）剪力墙结构

纵横布置的成片钢筋混凝土墙体称为剪力墙，剪力墙的高度往往从基础到屋顶，宽度可以是房屋的全宽。剪力墙与钢筋混凝土楼、屋盖整体连接，形成剪力墙结构。

（5）其他形式的结构

除上述形式的结构外，在高层和超高层房屋结构体系中，还有框架—剪力墙结构、框架—筒体结构、筒中筒结构等；单层房屋中除排架结构外，还有刚架结构；在单层大跨度房屋的屋盖中，有壳体结构、网架结构、悬索结构等。

（二）建筑结构选型

1. 多层和高层房屋结构

（1）混合结构体系

这是多层民用房屋中常用的一种结构形式。其墙体、基础等竖向构件采用砌体结构，而楼盖、屋盖等水平构件则采用钢筋混凝土等其他形式的结构。

结合抗震设计要求，在进行混合结构房屋设计和选型时，应注意以下问题。

①房屋的层数和高度限值

对非抗震设计和设防烈度为6度时，混合结构房屋的层数和总高度不应超过相关规定。其中横墙较少的多层砌体房屋是指同一楼层内开间大于4.20m的房间占该层总面积的40%以上；横墙很少的多层砌体房屋是指同一楼层内开间不大于4.20m的房间占该层总面积不到20%，且开间大于4.8m的房间占该层总面积的50%以上。

②层高和房屋最大高宽比

限制房屋的高宽比，是为了保证房屋的刚度和房屋的整体抗弯承载力。普通砖、多孔砖和小砌块砌体房屋的层高不应超过3.6m；底部框架—抗震墙房屋的底部层高不应超过4.5m。多层砌体房屋总高度与总宽度的最大比值，要符合相关要求。

③纵横墙布置

在进行结构布置时，应优先采用横墙承重或纵横墙共同承重方案。纵横墙的布置宜均匀对称，沿平面内宜对齐，沿竖向应上下连续，同一轴线上的窗间墙宜均匀。楼梯间不宜设置在房屋的尽端和转角处。

房屋的承重横墙，在抗震时通常就是抗震横墙，其间距不应超过相关要求。

（2）框架结构体系

与混合结构类似，框架结构也可分为横向框架承重、纵向框架承重及纵横双向框架共同承重等布置形式。一般房屋框架常采用横向框架承重，在房屋纵向设置连系梁与横向框架相连；当楼板为预制板时，楼板顺纵向布置，楼板现浇时，一般设置纵向次梁，形成单向板肋形楼盖体系。当柱网为正方形或接近正方形，或者楼面活荷载较大时，也往往采用纵横双向布置的框架，这时楼面常采用现浇双向板楼盖或井字梁楼盖。

框架结构体系包括全框架结构（一般简称为框架结构）、底部框架上部砖房等结构形式。现浇钢筋混凝土框架结构房屋的适用高度（指室外地面到主要屋面面板的板顶高度，不包括局部突出屋顶部分，下同）分别为60m（设防烈度6度）、50m（设防烈度7度）、40m（设防烈度8度）、35m（设防烈度8度）和24m（设防烈度9度）。

现浇框架结构的整体性和抗震性能都较好，建筑平面布置也相当灵活，广泛用于6~15层的多层和高层房屋，如学校的教学楼、实验楼、商业大楼、办公楼、医院、高层住宅等（其经济层数为10层左右、房屋的高宽比以5∶7为宜）。在水平荷载作用下，框架的整体变形为剪切型。

（3）剪力墙结构体系

①框架——剪力墙结构

在框架的适当部位（如山墙、楼、电梯间等处）设置剪力墙，组成框架—剪力墙结构。框架—剪力墙结构的抗侧移能力大大优于框架结构，在水平荷载作用下，框架—剪力墙结构的整体变形为弯剪型。

由于剪力墙在一定程度上限制了建筑平面布置的灵活性，因此框架—剪力墙结构一般适用于高层的办公楼、旅馆、公寓、住宅等民用建筑。

在框架—剪力墙结构中，剪力墙宜贯通房屋全高，且横向与纵向剪力墙宜互相连接。剪力墙不应设置在墙面需开大洞口的位置。剪力墙开洞时，洞口面积不大于墙面面积的1/6，洞口应上下对齐，洞口梁高不小于层高的1/5。房屋较长时，纵向剪力墙不宜设置在房屋的末端开间。

②剪力墙结构

当纵横交叉的房屋墙体都由剪力墙组成时，形成剪力墙结构。剪力墙结构适用于40层以下的高层旅馆、住宅等房屋。

剪力墙结构中的剪力墙设置，应符合下列要求：

第一，剪力墙有较大洞口时，洞口位置宜上下对齐；

第二，较长的剪力墙宜结合洞口设置弱连系梁，将一道剪力墙分成较均匀的若干墙段，各墙段的高宽比不宜小于2；

第三，房屋底部有框支层时，落地剪力墙的数量不宜少于上部剪力墙数量的50%，其间距不大于四开间和24m的较小值，落地剪力墙之间楼盖长宽比不应超过相关规定的数值；

第四，剪力墙之间无大洞口的楼，屋盖的长宽比不宜超过表1-1的规定，否则应考虑楼盖平面内变形的影响。

表1-1 抗震墙之间楼、屋盖的长宽比

楼、屋盖类型		设防烈度			
		6	7	8	9
框架——抗震墙(剪力墙)结构	现浇或叠合楼、屋盖	4	4	3	2
	装配式楼、屋盖	3	3	2	不宜采用
板柱——抗震墙结构的现浇楼、屋盖		3	3	2	–
框支层的现浇楼、屋盖		2.5	2.5	2	–

所谓框支层剪力墙,是指为适用房屋下部有大空间的需要而设置的由框架支承层的剪力墙。

为避免房屋刚度的突然变化,框架一般扩展到2~3层,其层高逐渐变化,框架最上一层作为刚度过渡层,可设置设备层。

③筒体结构

将房屋的剪力墙集中到房屋的外部或内部组成一个竖向、悬臂的封闭箱体时,可以大幅增强房屋的整体空间受力性能和抗侧移能力,这种封闭的箱体称为筒体。筒体和框架结合形成框筒结构,内筒和外筒结合(两者之间用很强的连系梁连接)形成筒中筒结构。外筒柱截面宜采用扁宽矩形,柱的长边方向位于框架平面内。筒体结构一般用于30层以上的超高层房屋。

(4)高层房屋结构的布置要点

第一,平面宜简单、规则、对称,尽量减少偏心;平面长度不宜过长,与其宽度的比值不宜大于6(抗震设防烈度为6度和7度时)或5(抗震设防烈度为8度和9度时);房屋平面局部突出部分的长度不宜大于突出部分的宽度,且不宜大于该方向总尺寸的30%。

第二,结构竖向体型应力求规则、均匀,避免有过大的外挑和内缩,其立面局部收紧尺寸不大于该方向总尺寸的25%。

第三,结构沿竖向的侧移刚度变化宜均匀,构件截面由下至上应逐渐减小、不应突变。某一楼层刚度减小时,其刚度应不小于相邻上层刚度的70%,连续三层刚度逐层降低后,不小于降低前刚度的一半。

在考虑结构选型和结构布置时,对建筑装修有较高要求的房屋和高层建筑,应优先采用框架—剪力墙结构或剪力墙结构。钢筋混凝土房屋宜选用不设防震缝的合理建筑结构方案。当必须设置时,防震缝最小宽度应符合下列要求：①框架结构房屋，当高度不超过15m时，防震缝宽度不应小于100mm；当高度超过15m时，在抗震设防烈度为6度、7度、8度和9度的情况下相应每增高5m、4m、3m和2m时宜加宽20mm；②框架—抗震墙（剪力墙）房屋不应小于①款规定的70%且不宜小于100mm；③抗震墙（剪力墙）房屋的防震缝宽度，可采用①款数值的50%，但不宜小于100mm。防震缝两侧结构类型不同时，宜按需要较宽防震缝的结构类型和较低房屋高度确定缝宽。

2. 单层大跨度房屋结构

(1) 钢筋混凝土单层厂房结构

①排架结构

这是一般钢筋混凝土单层厂房的常用结构形式。其屋架（或薄腹梁）与柱顶铰接，柱下端则嵌固于基础顶面。

作用在排架结构上的荷载包括竖向荷载和水平荷载。竖向荷载除结构自重及屋面活荷载外，还有吊车的竖向作用；水平荷载包括风荷载（按抗震设计时，则为水平地震力）和吊车对排架的水平刹车力。

由屋架（或屋面大梁）、柱、基础组成的横向平面排架（沿跨度方向排列的排架），是厂房的主要承重体系。通过屋面板、支撑、吊车梁、连系梁等纵向构件将各横向平面排架联结，构成整体空间结构。

排架结构的屋面构件及吊车梁、柱间支撑等，都可由标准图集选定。排架柱及基础由计算确定，排架柱按偏心受压构件进行配筋。

②刚架结构

刚架是一种梁柱合一的结构构件，钢筋混凝土刚架结构常作为中小型单层厂房的主体结构。它有三铰、两铰及无铰等几种形式，可以做成单跨或多跨结构。

刚架的横梁和立柱整体浇筑在一起，交接处形成刚结点，该处需要较大截面，因而刚架一般做成变截面。刚架横梁通常为"人"字形（也可做成弧形）；为便于排水，其坡度一般取1/3~1/5；整个刚架呈"门"形（故常称为门式刚架），可使室内有较大的空间。由于门式刚架的杆件一般采用矩形截面，其截面宽度一般不小于200mm（无吊车时）或250mm（有吊车时），因此其不宜用于吊车吨位较大的厂房（以不超过10t为宜），其跨度一般为18m左右。

③拱结构

拱是以承受轴压力为主的结构。由于拱的各截面上的内力大致相等，因而拱结构是一种有效的大跨度结构，在桥梁和房屋中都被广泛应用。

拱同样可分为三铰、双铰或无铰等几种形式，其轴线常采用抛物线形状。矢高小的拱水平推力大，拱体受力也大；矢高大时则相反，但拱体长度增加。因此，合理选择矢高是设计中应充分考虑的问题。

拱体截面一般为矩形截面或I形截面等实体截面；当截面高度较大时（如大于1.5m），可做成格构式、折板式或波形截面。

为了可靠地传递拱的水平推力，可以采取如下一些措施：A.推力直接由钢拉杆承担。这种结构方案可靠，应用较多。由于拱下部的柱子不承担推力，柱所需截面也较小。B.拱推力经由侧边框架（刚架）传至地基。此时框架应有足够的刚度，其基础应为整片式基础。C.当拱的水平推力不大且地基承载力大、压缩性小时，水平推力可直接由地基抵抗。

（2）其他形式的结构

①薄壳结构

薄壳结构是一种以受压为主的空间受力曲面结构。其曲面厚度很薄（壁厚往往小于曲面主曲率的1/20），不致产生明显的弯曲应力，但可以承受曲面内的轴力和剪力。

②网架结构

网架是由平面桁架发展起来的一种空间受力结构。在节点荷载作用下，网架杆件主要承受轴力。网架结构的杆件多用钢管或角钢制作，其节点为空心球节点或钢板焊接节点。

网架结构按外形划分为平板网架和曲面网架。其中曲面网架的机理和薄壳结构类似。

③悬索结构

悬索结构广泛用于桥梁结构。用于房屋建筑则适用于大跨度建筑物，如体育建筑（体育馆、游泳馆、大运动场等）、工业车间、文化生活建筑（陈列馆、杂技厅、市场等）及特殊构筑物等。

悬索结构包括索网、侧边构件及下部支承结构。索网由多根悬挂于侧边构件上的钢索组成，柔性的悬索（钢索）只受轴心拉力作用，并只能单向受力，其水平拉力与悬索的下垂度成反比，与拱类似。因此，悬索结构应充分注意对水平力的处理。悬索结构的侧边构件是用来固定索网的，一般采用钢筋混凝土结构，以环向受压为主。下部支承结构一般为立柱或斜撑柱，实际中，工程有不少是用拱兼作侧边构件和支承结构的。侧边构件和支承结构是悬索结构的重要组成部分，决定整个建筑的体型和空间。索网分单层悬索和双层悬索。单层悬索只有承重索，其屋面刚度小，必须采用重屋面，跨越的空间不能太大；双层悬索的索网包括承重索和稳定索，承重索位于下层形成下垂曲线，承受屋面荷载；稳定索位于上层形成上拱曲线，保证屋面的稳定性和承受风的反向吸力，其刚度大、稳定性好，且跨度越大越经济。

④折板结构

折板结构可视为柱面壳的曲线由内接多边形代替的结构，其计算和组成构造也大致相同。折板的截面形式可以多种多样。折板的厚度一般不大于100mm，板宽不大于3m，折板高度（含侧边构件）一般不小于跨度的1/10。

第二节　建筑结构的设计标准及方法

一、设计基准期和设计使用年限

(一) 设计基准期

结构设计所采用的荷载统计参数、与时间有关的材料性能取值，都需要选定一个时间参数，就是设计基准期。

(二) 设计使用年限

设计使用年限是设计规定的一个时期。在这一规定时期内，房屋建筑在正常设计、正常施工、正常使用和维护下不需要进行大修就能按其预定的目的使用。

设计使用年限不同于设计基准期的概念，但对于普通房屋和构筑物来说，设计使用年限和设计基准期均为50年。

二、结构的功能要求、作用和抗力

(一) 结构的功能要求

1. 结构安全性要求

第一，在正常施工和正常使用时，能承受可能出现的各种作用。

第二，在设计规定的偶然事件发生时及发生后，仍能保持必需的整体稳定性。所谓整体稳定性是指在偶然事件发生时和发生后，建筑结构仅产生局部的损坏而不致发生连续倒塌。

2. 结构适用性要求

结构在正常使用时具有良好的工作性能。如受弯构件在正常使用时不出现过大的挠度等。

3. 结构耐久性要求

结构在正常维护下具有足够的耐久性能。所谓足够的耐久性能是指结构在规定的工作环境中、在预定时期内，其材料性能的恶化不会导致结构出现不可接受的失效概率。从工程概念上讲，就是指在正常维护条件下结构能够正常使用到规定的设计使用年限。

对于混凝土结构，其耐久性应根据环境类别和设计使用年限进行设计。耐久性设计应包括下列内容：①确定结构所处的环境类别；②提出材料的耐久性质量要求；③确定构件中钢筋的混凝土保护层厚度；④提出在不利的环境下应采取的防护措施；⑤提出满足耐久性要求相应的技术措施；⑥提出结构使用阶段的维护与检测要求。

根据不同的环境和设计使用年限，对结构混凝土的最大水灰比、最小水泥用量、最低混凝土强度等级、最大氯离子含量、最大碱含量等都有具体规定，以满足其耐久性要求。

(二) 作用和作用效应

1. 作用

(1) 按时间的变异分类

可分为永久作用、可变作用和偶然作用。

①永久作用

是指在设计基准期内量值不随时间变化，或其变化与平均值相比可以忽略不计的作用，如结构及建筑装修的自重、土壤压力、基础沉降及焊接变形等。

②可变作用

是指在设计基准期内其量值随时间而变化，且其变化与平均值相比不可忽略的作用，如楼面活荷载、雪荷载、风荷载等。

③偶然作用

是指在设计基准期内不一定出现，而一旦出现其量值很大且持续时间很短的作用，如地震、爆炸、撞击等。

(2) 按随空间位置的变异分类

可以分为固定作用 (在结构上具有固定分布，如自重等) 和自由作用 (在结构上一定范围内可以任意分布，如楼面上的人群荷载、吊车荷载等)。

(3) 按结构的反应特点分类

可以分为静态作用 (它使结构产生的加速度可以忽略不计) 和动态作用 (它使结构产生的加速度不可忽略)。一般的结构荷载，如自重、楼面人群荷载、屋面雪荷载等，都可视为静态作用；而地震作用、吊车荷载、设备振动等，则是动态作用。

2. 作用的随机性质

一个事件可能有多种结果，但事先不能肯定哪一种结果一定发生 (不确定性)，而事后有唯一的结果，这种性质称为事件的随机性质。

显然，结构上的作用具有随机性。像人群荷载、风荷载、雪荷载以及吊车荷载等，都不是固定不变的，其数值可能较大，也可能较小；它们可能出现，也可能不出现；而一旦出现，则可测定其数值大小和位置；风荷载还具有方向性。即使是结构构件的自重，由于制作过程中不可避免的误差、所用材料种类的差别，也不可能与设计值完全相等。这些都是作用的随机性。

3. 作用效应

由作用引起的结构或结构构件的反应，例如，内力、变形和裂缝等，称为作用效应；荷载引起的结构的内力和变形，也称为荷载效应。

根据结构构件的连接方式 (支承情形)、跨度、截面几何特性以及结构上的作用，可以用材料力学或结构力学方法算出作用效应。

作用和作用效应是一种因果关系，故作用效应也具有随机性。

(三) 抗力

结构或结构构件承受作用效应的能力称为抗力。

影响结构抗力的主要因素是结构的几何参数和所用材料的性能。结构构件的制作误差和安装误差会引起结构几何参数的变异；结构材料由于材质和生产工艺等的影响，其强度和变形性能也会有差别 (即使是同一工地按同一配合比制作的某一强度等级的混凝土，或是同一钢厂生产的同一种钢材，其强度和变形性能也不会完全相同)，因此结构的抗力也具有随机性。

三、结构可靠度理论和极限状态设计法

(一) 结构的可靠性和可靠度

结构在规定的设计使用年限内，应满足安全性、适用性和耐久性等功能要求。结构的可靠性是指结构在规定的时间内、在规定的条件下完成预定功能的能力。这种能力既取决于结构的作用和作用效应，也取决于结构的抗力。

结构的可靠度是对结构可靠性的定量描述，即结构在规定的时间内 (结构的设计使用年限)、在规定的条件下 (正常设计、正常施工、正常使用条件，不考虑人为过失的影响) 完成预定功能的概率。这是从统计学观点出发的比较科学的定义，因为在各种随机因素的影响下，结构完成预定功能的能力只能用概率来度量。

(二) 结构可靠度理论简介

1. 随机变量的分析和处理

(1) 随机变量的统计参数

最常用的统计参数有如下几项：

①平均值 μ

$$\mu = \frac{\sum\limits_{i=1}^{n} x_i}{n} \tag{1-1}$$

式中：x_i ——第 i 个随机变量的值；

n ——随机变量的个数。

②标准差 σ

$$\sigma = \sqrt{\frac{\sum\limits_{i=1}^{n}\left(\mu - x_i\right)^2}{n-1}} \tag{1-2}$$

③变异系数 δ

$$\delta = \frac{\sigma}{\mu} \tag{1-3}$$

（2）正态分布曲线

①曲线方程

正态分布曲线的方程为

$$f(x) = \frac{1}{\sqrt{2\pi}\sigma} \exp\left(-\frac{(\mu - x)^2}{2\sigma^2}\right) \tag{1-4}$$

式中：x ——随机变量；

$f(x)$ ——随机变量的频率密度，即随机变量 x 在横坐标某一区段上出现的百分率（或称频率）与该区段长度的比值。

②曲线特征

正态分布曲线的特征值是平均值 μ 和标准差 σ。曲线有如下几个特点：A. 曲线对称于 $x = \mu$；B. 曲线只有一个峰值点 $f(\mu)$；C. 当 x 趋于 $+\infty$ 或 $-\infty$ 时，$f(x)$ 趋于零；D. 对称轴左右两边各有一个反弯点，反弯点距峰值点水平距离为 σ，也对称于对称轴。

由概率论可知，频率密度的积分称为概率。

2. 结构的可靠概率和失效概率

（1）结构的功能函数

设 R 为结构抗力，S 为作用效应，则可以用功能函数 $Z = R - S$ 来描述结构的工作状态。

当 $Z > 0$ 时，即 $R > S$，表示结构可靠；

当 $Z < 0$ 时，即 $R < S$，表示结构失效；

当 $Z = 0$ 时，即 $R = S$，表示结构处于极限状态，$R - S = 0$ 称为极限状态方程。

显然，结构可靠的基本条件是 $Z \geqslant 0$。

由于结构抗力 R 和作用效应 S 是随机变量，故结构的功能函数 Z 也是随机变量。当假定 R 和 S 相互独立并且都服从正态分布时，则 Z 也服从正态分布。

（2）可靠概率和失效概率

既可以用结构的可靠概率来衡量结构的可靠度，也可以用结构的失效概率来衡量结构的可靠度。

3. 按可靠指标的设计准则

（1）可靠指标

对影响结构可靠度的各随机变量进行统计分析和数学处理，并用失效概率 R 来衡量结构的可靠度，能够较好地反映问题的实质，具有明确的物理意义，但计算失效概率很复杂。因此，引入可靠指标 β 来代替失效概率 P_f，具体度量结构的可靠性。

可靠指标是结构功能函数 Z 的平均值 μ_z 与其标准差 σ_z 之比，即

$$\beta = \frac{\mu_Z}{\sigma_Z} = \frac{\mu_R - \mu_S}{\sqrt{\sigma_R^2 + \sigma_S^2}} \tag{1-5}$$

可靠指标 β 与失效概率 P_f 有对应的关系：β 值越大，P_f 值越小；反之，β 值越小，P_f 值越大。

（2）按可靠指标的设计准则

在建筑结构设计时，根据建筑物的安全等级，按规定的可靠指标（也称目标可靠指标）进行设计的设计准则，称为按可靠指标的设计准则。

建筑结构的安全等级是根据结构破坏可能产生的后果（危及人的生命、造成经济损失、产生社会影响等）的严重性而划分的，共分为三级。同一建筑物内的各种结构构件宜与整个结构采用相同的安全等级，但允许根据部分结构构件的重要程度和综合经济效果对其安全等级做适当调整（如提高某一结构构件的安全等级所需额外费用很少，又能减轻整个结构的破坏，从而减少人员伤亡和财物损失，则可将该构件的安全等级提高一级；相反，如某一构件的破坏并不影响整个结构或其他结构构件，则可将该构件的安全等级降低一级，但不得低于三级）。

结构构件设计时采用的可靠指标，是根据对现有结构构件可靠度进行分析，并考虑使用经验和经济因素等确定的。对于承载能力极限状态的可靠指标，不能小于相关规定。

按可靠指标的设计准则，虽然直接运用了概率论的原则，但是在确定可靠指标时，作了若干假定和简化（如假定 R 和 S 均服从正态分布，且互相独立等），因此这个准则只能称为近似概率准则。

(三)概率极限状态设计法

1. 极限状态的定义和分类

（1）极限状态

假如整个结构或结构的一部分超过某一特定状态就不能满足设计规定的某一功能要求，此特定状态称为该功能的极限状态。

结构的各种极限状态，都规定有明确的标志及限值。

（2）极限状态的分类

根据结构的功能要求，极限状态分为承载能力极限状态和正常使用极限状态两类。

①承载能力极限状态

结构或结构构件达到最大承载力、疲劳破坏或者达到不适于继续承载的变形时，我们称该结构或结构构件达到承载能力极限状态。

当结构或结构构件出现下列状态之一时，即认为超过了承载能力极限状态：A.整个结构或结构的一部分作为刚体失去平衡。B.结构构件或其连接因超过材料强度而破坏（包括疲劳破坏），或因过度的变形而不适于继续承载。C.结构转变为机动体系。软钢配筋的钢筋混凝土两跨连续梁在荷载作用下形成机动体系。D.结构或构件丧失稳定（如压屈等）。E.地基丧失承载能力（如失稳等）。

②正常使用极限状态

这种极限状态对应于结构或结构构件达到正常使用或耐久性能的某项规定限值。

当结构或结构构件出现下列状态之一时，应认为达到或超过了正常使用极限状态：A.影响正常使用或外观的变形；B.影响正常使用或耐久性能的

局部损坏 (包括裂缝); C. 影响正常使用的振动; D. 影响正常使用的其他特定状态。

2. 承载能力极限状态设计

承载能力极限状态采用下列设计表达式进行设计

$$\gamma_o S \leq R \tag{1-6}$$

式中: γ_0 ——结构重要性系数, 对安全等级为一级或设计使用年限为100年及以上的结构构件, 其值不小于 1.1; 对安全等级为二级或设计使用年限为 50 年的结构构件, 其值不小于 1.0; 对安全等级为三级或设计使用年限为 5 年的结构构件, 其值不小于 0.9;

S ——荷载效应组合的设计值;

R ——结构构件抗力的设计值, 按各有关建筑结构设计规范的规定确定。

(1) 基本组合的荷载效应组合设计值

①由可变荷载效应控制的组合

$$S = \gamma_G S_{GK} + \gamma_{Q1} \gamma_{L1} S_{Q1K} + \sum_{i=2}^{n} \gamma_{Qi} \gamma_{Li} \psi_{Ci} S_{QiK} \tag{1-7}$$

式中: γ_G ——永久荷载的分项系数, 当其效应对结构不利时, 应取 1.2; 有利时, 一般情况下取 1.0, 对结构的倾覆、滑移或漂浮验算, 应取 0.9;

γ_{Q1}、γ_{Qi} ——第 1 个和第 i 个可变荷载分项系数, 一般情况下应取 1.4 (当其效应对结构构件承载能力有利时取为 0);

γ_{L1}、γ_{Li} ——第 1 个和第 i 个可变荷载考虑设计使用年限的调整系数, 对设计使用年限为 50 年和 100 年时, 分别取 1.0 和 1.1, 对临时性建筑结构, 应取 0.9;

S_{GK} ——永久荷载标准值的效应;

S_{Q1K} ——在基本组合中起控制作用的一个可变荷载标准值的效应;

S_{QiK} ——第 i 个可变荷载标准值的效应;

ψ_{Ci} ——可变荷载 Q_i 的组合值系数, 对民用建筑楼屋面均布活荷载, 一般取 0.7 (书库、储藏室、通风机房及电梯机房取 0.9), 屋面积灰荷载取 0.9, 软钩吊车荷载取 0.7 (硬钩吊车及 A8 级软钩吊车取 0.95), 其余情况不应大于 1.0。

②由永久荷载效应控制的组合

$$S = \gamma_G S_{GK} + \sum_{i=1}^{n} \gamma_{Q_i} \gamma_{Li} \psi_{Ci} S_{QiK} \qquad (1-8)$$

式中，γ_G——意义同前，但取值为 1.35，且参与组合的仅限于竖向荷载。

其余符号意义同式（1-7）。

（2）基本组合的简化规则

对于一般排架、框架结构，基本组合可采用简化规则，并按组合值中取最不利值确定。

3. 正常使用极限状态设计

根据不同的设计要求，采用荷载的标准组合、频遇组合或准永久组合，并按下列设计式进行设计：

$$S \leqslant C \qquad (1-9)$$

式中，C——结构或结构构件达到正常使用要求的规定限值，如变形、裂缝、振幅等限值。

（1）荷载组合

①标准组合

主要用于当一个极限状态被超越时将产生严重的永久性损害的情况，其荷载效应组合的设计值 S 按下式采用：

$$S = S_{GK} + S_{Q1K} + \sum_{i=2}^{n} \psi_{Ci} S_{QiK} \qquad (1-10)$$

②准永久组合

荷载准永久值是针对可变荷载而言的，主要用于长期效应是决定性因素时的一些情况。准永久值反映可变荷载的一种状态，按照在设计基准期内荷载达到和超过该值的总持续时间与设计基准期的比值为 0.5 来确定。

（2）具体设计内容

混凝土结构构件在按承载能力极限状态设计后，应按规范规定进行裂缝控制验算以及受弯构件的挠度验算。砌体结构构件因其截面尺寸大，可不进行正常使用极限状态验算。

①裂缝控制验算

根据所处环境类别和结构类别，首先选用相应的裂缝控制等级及最大裂缝宽度限值 w_{lim}。

裂缝控制等级共分为三级：裂缝控制等级为一级的构件，严格要求不出现裂缝，按荷载效应标准组合计算时，构件受拉边缘混凝土不应产生拉应力；裂缝控制等级为二级时，一般要求不出现裂缝，按荷载效应标准组合时，构件受拉边缘混凝土拉应力不应大于 f_{tk}；裂缝控制等级为三级的构件，允许出现裂缝，但必须按荷载效应准永久组合并考虑长期作用影响，计算时构件最大裂缝宽度不应超过相关规定的限值。

②受弯构件的挠度验算

计算钢筋混凝土受弯构件的最大挠度时，应按荷载效应的准永久组合，并考虑荷载长期作用的影响。

四、结构构件设计的一般内容

采用极限状态设计法进行结构构件设计时，主要有如下内容：

第一，确定计算简图。对具体的建筑进行结构选型，确定适当的结构形式；进行结构平面布置，确定结构的计算单元和计算简图（包括构件截面尺寸选择、计算跨度的确定、荷载取值，不同荷载有不同的计算简图）；选择结构材料和相应强度等级。

第二，用力学方法进行荷载效应计算。

第三，利用荷载效应组合公式进行荷载效应组合设计值 S_d 的计算。

第四，确定构件抗力 R_d，按相应公式进行抗力计算（如确定配筋等）。

(一) 荷载取值

永久荷载采用标准值作为代表值，其中结构自重标准值可按设计尺寸与材料重力密度标准值计算；可变荷载则应采用标准值、组合值、频遇值或准永久值作为代表值。荷载标准值可以理解为设计基准期内最大荷载概率分布的某一分位值，具有95%的保证率。

（二）材料强度取值

材料强度是确定抗力的重要参数。材料强度标准值是材料强度的代表值，一般取概率分布的 0.05 分位值，即具有 95% 的保证率。而在进行承载能力计算时，采用材料强度设计值，它是在标准值的基础上，除以大于 1 的材料分项系数得出的（如混凝土材料分项系数 γ_c =14；钢筋材料分项系数 γ_s =1.1；预应力用钢丝、钢绞线、热处理钢筋材料分项系数为 1.2），从而有更高的保证率。

在进行建筑结构设计时，结构构件需满足安全性、适用性和耐久性等功能要求。当结构或结构的一部分超过某一特定状态不能满足上述某功能要求时，该特定状态称为该功能的极限状态。这与数学中的极限概念是相似的。极限状态可分为承载能力极限状态和正常使用极限状态。承载能力极限状态涉及安全性问题，超过该极限状态造成的后果要比超过正常使用极限状态（涉及适用性、耐久性）的后果严重，因此，任何结构构件都必须进行承载力计算（必要时还需进行倾覆、滑移等验算）。处于地震区的结构还应按规定进行结构构件的抗震承载力计算。对于正常使用极限状态，可通过适当的构造规定去满足，或在必要时进行变形和裂缝控制的验算。

在进行承载能力极限状态计算时，采用荷载设计值（等于荷载标准值乘以相应的荷载分项系数）、材料强度设计值（等于材料强度标准值除以相应材料分项系数）、结构重要性系数、可变荷载的组合系数等进行；在进行正常使用极限状态验算时，则采用荷载标准值、材料强度标准值以及结构重要性系数、荷载组合系数及准永久值系数等进行。其各项数值和系数的取值是以概率理论为基础，根据结构的不同可靠指标确定的，设计时可直接引用。

第三节　结构材料的力学性能

结构材料的力学性能，主要是指材料的强度和变形性能，以及材料的本构关系（应力——应变关系）。了解结构构件所用材料的力学性能，是掌握结构构件受力性能的基础。

一、建筑钢材

钢是含碳量低于 2% 的铁碳合金（含碳量高于 2% 时为生铁）。钢经轧制或加工成的钢筋、钢丝、钢板及各种型钢，统称钢材。在建筑钢材中，大量使用碳素结构钢和普通低合金钢。

（一）钢材的力学性能

1. 应力——应变曲线

在钢筋混凝土结构、预应力混凝土结构以及钢结构中所用的钢材可分为两类，即有明显屈服点的钢材和无明显屈服点的钢材。

有明显屈服点钢材标准试件在拉伸时的应力——应变曲线。在拉伸的初始阶段，应力与应变按比例增加，两者呈线性关系，符合胡克定律，且当荷载卸除后，完全恢复原状。该阶段称为弹性阶段，其最大应力称为比例极限。当应力超过比例极限后，应变的增长速度大于应力的增长速度，应变急剧增加，而应力基本不变，钢材发生显著的、不可恢复的塑性变形，此阶段称为屈服阶段。相应于屈服下限的应力称为屈服强度。当钢材屈服塑性到一定程度后，应力——应变曲线又呈上升状，曲线最高点的应力称为抗拉强度，此阶段称为强化阶段。当钢材应力达到抗拉强度后，试件薄弱断面显著变小，发生"颈缩"现象，应变迅速增加，应力随之下降，最后直至拉断。

这类钢材没有明显的屈服点，抗拉强度很高，但变形很小。通常取相当于残余应变（永久变形）为 0.2% 时的应力作为屈服强度，称为条件屈服强度。

在达到屈服强度之前，钢材的受压性能与受拉时的相似，受压屈服强度也与受拉时基本一致。在达到屈服强度之后，由于试件发生明显的塑性压缩，截面面积增大，因而难以得到明确的抗压强度。

2. 强度

钢材的强度指标包括屈服强度和抗拉强度两项。

对于有明显屈服点的钢材，由于钢材的屈服将产生明显的、不可恢复的塑性变形，从而导致结构构件可能在钢材尚未进入强化阶段就发生破坏或产生过大的变形和裂缝，因此在正常使用情况下，构件中的钢材应力应小于其屈服强度。此外，在抗震结构中，考虑到受拉钢材可能进入强化阶段，故要求其屈服强度与抗拉强度的比值（称为屈强比）不大于0.8，以保证结构的变形能力。钢材的抗拉强度是检验钢材质量的另一强度指标。

对于无明显屈服点的钢材（钢结构中的钢材除高强度螺栓外都属于有明显屈服点的钢材，无明显屈服点的钢材仅为混凝土结构中的预应力钢筋和钢丝），屈服强度不易测定。这类钢材在质量检验时以其抗拉强度作为主要强度指标，并以极限抗拉强度的0.85倍作为条件屈服强度。

3. 塑性

塑性是指钢材破坏前产生变形的能力。反映塑性性能的指标是"伸长率"和"冷弯性能"。

伸长率是指试件拉断后，原标距的伸长值与原标距的比值（以百分率表示）

$$\delta = \frac{l_2 - l_1}{l_1} \times 100\ \%\qquad(1\text{-}11)$$

式中：l_1——试件原标距长度，一般取5d为试件直径；

l_2——试件拉断后的标距长度；

δ——伸长率（%），当l_1 =5d时记为85。

伸长率大的钢材塑性好，拉断前有明显预兆；伸长率小的钢材塑性差，破坏会突然发生，呈脆性特征。有明显屈服点的钢材都有较大的伸长率。采用钢筋最大应力下（达到极限抗拉强度时）的总伸长率来反映钢筋的变形，对光圆钢筋的总伸长率不应小于10%，对带肋钢筋不应小于7.5%。

冷弯性能是指钢材在常温下承受弯曲时产生塑性变形的能力。对不同直径或厚度的钢材，要求按规定的弯心直径弯曲一定的角度而不发生裂纹。冷弯性能可间接反映钢材的塑性性能和内在质量，因此钢材的冷弯性能要求合格。

钢材的屈服强度、抗拉强度、伸长率和冷弯性能是检验有明显屈服点钢材的四项主要质量指标，对无明显屈服点的钢筋只测定后三项。

对于需要验算疲劳焊接结构的钢材，尚应具有常温冲击韧性的合格保证。

4. 弹性模量

钢材在弹性阶段的应力和相应应变的比值为常量，该比值即钢材的弹性模量。

$$E_s = \frac{\sigma_s}{\varepsilon_s} \qquad (1\text{-}12)$$

式中：σ_s——屈服前的钢材应力，N/mm²；

ε_s——相应的钢材应变。

钢材的弹性模量可由拉伸试验测定，钢结构采用 E=206×10³N/mm²。同一品种钢材的受拉和受压弹性模量相同。

(二) 钢材的冷加工

钢材在常温下经剪切、冷弯、辊压、冷拉、冷拔等冷加工，性能将发生显著改变，强度提高、塑性降低，使钢材产生硬化，有增加钢结构脆性破坏的危险。但在钢筋混凝土结构中，有时采用经控制的冷拉或冷拔后的钢筋以节约钢材。

1. 钢筋的冷拉

冷拉是将钢筋拉伸至超过其屈服强度的某一应力，然后卸荷，以提高钢筋强度的方法。

钢筋经冷拉和时效硬化后，强度有所提高，但塑性降低。合理地选择冷拉控制点可使钢筋保持一定的塑性又能提高钢筋的强度，达到节省钢材的目的。

必须注意：焊接时产生的高温会使钢筋软化(强度降低、塑性增加)，因此对需要焊接的钢筋应先焊好再进行冷拉；此外，冷拉只能提高钢筋的抗拉强度而不能提高钢筋的抗压强度，一般不采用冷拉钢筋作受压钢筋。由于钢筋冷拉后塑性降低、脆性增加，故不得用冷拉钢筋制作吊环。

2. 钢筋的冷拔

冷拔是用强力将钢筋拔过比其直径略小的硬质合金拔丝模，钢筋受到纵向拉力和横向挤压力的作用，截面变小而长度伸长，内部结构发生变化。经过连续冷拔后的冷拔低碳钢丝，钢筋强度就可提高40%～90%，但塑性显著降低，且没有明显的屈服点。冷拔可以同时提高钢筋的抗拉强度和抗压强度。

需要注意的是：由于我国强度高、性能好的钢筋及钢丝、钢绞线已可充分供应，故冷拉钢筋和冷拔低碳钢丝已不再列入规范。

（三）建筑钢材的品种

我国目前常用的钢材由碳素结构钢及普通低合金钢制造。碳素结构钢分为低碳钢（普通碳素钢）、中碳钢和高碳钢，随含碳量的增加，钢材的强度提高，但塑性降低；在低碳钢中加入硅、锰、钒、钛、铌、铬等少量合金元素，使钢材性能有较显著的改善，成为普通低合金钢。

1. 钢筋

按照生产加工工艺和力学性能的不同，用于建筑工程中的钢筋有热轧钢筋、冷拉钢筋、预应力钢筋以及钢丝、钢绞线等。其中热轧钢筋和冷拉钢筋属于有明显屈服点的钢筋，钢丝、钢绞线等属于无明显屈服点的钢筋。

热轧钢筋又分为热轧光圆钢筋（牌号 HPB300）和热轧带肋钢筋（牌号 HRB- 系列及 HRBF- 系列）。其中，靠控温轧制而具有一定延性的 HRBF- 系列钢筋称为细晶粒热轧带肋钢筋，具有节约合金资源，降低价格的效果。

2. 型钢和钢板

钢结构构件一般直接选用型钢，当构件尺寸很大或型钢不合适时则用钢板制作。

型钢有角钢（包括等边角钢和不等边角钢）、槽钢、工字钢等；钢板有厚板（厚度 4.5 ~ 60mm）和薄板（厚度 0.35 ~ 4mm）之分。

根据规定，用于钢结构的钢材牌号为碳素结构钢中的 Q235 钢和低合金结构钢中的 Q345 钢（16Mn）、Q390 钢（15MnV）和 Q420 钢（15MnV）四种，其屈服点在钢材厚度小于或等于 16mm 时分别为 235、345、390 和 420N/mm^2（当厚度大于 16mm 时，屈服点随厚度的增加而降低）。

Q235 钢还分为 A、B、C、D 四个质量等级，它们均保证规定的屈服点、抗拉强度和伸长率。B、C、D 级还保证 180° 冷弯（A 级在需方有要求时才进行）和规定的冲击韧性。另外，Q235 钢根据脱氧方法还分为沸腾钢、半镇静钢和镇静钢，分别用字母 F、B 和 Z 表示，但 Z 在牌号中可省略，如 Q235-A 中 F 表示屈服点为 235N/mm^2、质量等级为 A 级的沸腾钢，而 Q235-B 则表示屈服点为 235N/mm^2、质量等级为 B 级的镇静钢。

(四) 钢材的选用

1. 钢筋

(1) 混凝土结构对钢筋性能的要求

在混凝土结构中，钢筋和混凝土共同工作，钢筋按一定的排列顺序和位置布置于混凝土中。钢筋和混凝土之所以能够共同工作，是因为：①混凝土硬结后，能与钢筋牢固地黏结，互相传递应力、共同变形，两者间的黏结力是钢筋和混凝土共同工作的基础。②钢筋和混凝土具有相近的温度线膨胀系数：钢为 $1.2 \times 10^{-5}/$ 龙，混凝土为 $(1.0 \sim 1.5) \times 10^{-5}/$ 龙。当温度变化时，混凝土和钢筋之间不致产生过大的相对变形和温度应力。③混凝土提供的碱性环境可以保护钢筋免遭锈蚀。混凝土结构对钢筋性能的主要要求是：

①强度

强度是指钢筋的屈服强度和极限强度。如前所述，钢筋的屈服强度是混凝土结构构件计算的主要依据之一，采用较高强度的钢筋可以节省钢材，获得较好的经济效益。

②塑性

要求钢筋在断裂前有足够的变形，能够在破坏前给人们预兆，因此应保证钢筋的伸长率和冷弯性能合格。

③可焊性

在很多情形下，钢筋的接长和钢筋之间的连接 (或钢筋与其他钢材的连接) 需要通过焊接来完成，因此要求在一定工艺条件下钢筋焊接后不产生裂纹和过大的变形，保证焊接后的接头性能良好。

④与混凝土的黏结力

为了保证钢筋和混凝土共同工作，要采取一定的措施保证钢筋与混凝土之间的黏结力。带肋钢筋与混凝土的黏结要优于光圆钢筋。

在寒冷地区，对钢筋的低温性能尚有一定的要求。

(2) 钢筋的选用原则

按照节省材料、减少能耗的原则，综合混凝土构件对强度、延性、连接方式、施工适应性的要求，规范强调淘汰低强度钢筋，应用高强、高性能钢筋，并建议选用下列牌号的钢筋：

第一，纵向受力普通钢筋宜采用 HRB400、HRB500、HRBF400、HRBF500、HPB300、RRB400 钢筋，也可采用 HRB335、HRBF335 钢筋。

第二，预应力筋宜采用预应力钢丝、钢绞线和预应力螺纹钢筋。

第三，箍筋宜采用 HRB400、HRBF400、HPB300、HRB500、HRBF500 钢筋，也可采用 HRB335 钢筋。

第四，余热处理钢筋（RRB- 系列）是由轧制的钢筋经高温淬火、余热处理后制成的，目的是提高强度。但其可焊性、机械连接性能及施工适应性均稍差，需控制其应用范围，不宜用作重要部位的受力钢筋，不得用于直接承受疲劳荷载的构件，也不宜焊接。一般可在对延性及加工性能要求不高的构件中使用，如基础、大体积混凝土以及跨度及荷载不大的楼板、墙体中应用。

第五，低强度的 HPB235 级钢筋已被淘汰，代之以 HPB300 级光圆钢筋。

2. 钢结构中的钢材

在选用钢材时，应根据结构的重要性、荷载特征、连接方法、工作温度等不同情况选择钢号和材质。

二、混凝土

混凝土是由水泥、水和骨料（包括粗骨料和细骨料，粗骨料有碎石、卵石等，细骨料有粗砂、中砂、细砂等）几种材料经混合搅拌、入模浇捣、养护硬化后形成的人工石材，"砼"字形象地表达了混凝土的特点。

混凝土各成分组成的比例，尤其是水灰比（水与水泥的重量比）对混凝土的强度和变形有重要影响；混凝土性能在很大程度上还取决于搅拌程度、浇捣的密实性及对混凝土的养护条件。

（一）混凝土的强度

混凝土的强度随时间而增长，初期增长速度快，后期增长速度变慢并趋于稳定；对于使用普通水泥的混凝土，若以龄期3天的抗压强度为1，则1周为2，4周为4，3个月为4.3，1年为5.2左右。龄期4周（28天）的强度大致稳定，可以作为混凝土早期强度的界限。混凝土强度在长时期内随时间而增长，这主要是因为水泥的水化反应是需要长时间进行的。

1.混凝土的抗压强度

因为混凝土在结构构件中主要承受压力，所以其抗压强度是最主要的性能指标。

(1) 立方体抗压强度和立方体抗压强度标准值

用边长150mm的立方体试块，在标准养护条件(温度20℃ ±3℃，相对湿度＞90%的潮湿空气中)养护28天，用标准试验方法，试块表面不涂润滑剂、全截面受压、加荷速度0.15~0.25N/(mm²·s)加压至试件破坏时，测得的最大压应力，作为混凝土的立方体抗压强度。

混凝土立方体抗压强度是用来确定混凝土强度等级的标准，也是决定混凝土其他力学性能的主要参数。混凝土立方体抗压强度也可用200mm的立方体或100mm的立方体测得，但需对试验值进行修正：对于边长200mm的试件，修正系数为1.05；100mm的试件，修正系数为0.95。

根据立方体抗压强度的试验资料进行统计分析，用混凝土强度总体分布的平均值减去1.645倍标准差(保证率95%)，即为立方体抗压强度标准值，记为f_{cuk}，它是混凝土各种力学指标的基本代表值。混凝土强度等级由立方体抗压强度标准值确定，用Cx x表示，其中x x即为相应的f_{cuk}数值。

(2) 轴心抗压强度

在实际结构中，受压构件是棱柱体而不是立方体。试验表明，用高宽比为3~4的棱柱体测得的抗压强度与以受压为主的混凝土构件中的混凝土抗压强度基本一致。因此，棱柱体的抗压强度可作为以受压为主的混凝土结构构件的混凝土抗压强度，称为轴心抗压强度或棱柱强度。

轴心抗压强度是结构混凝土最基本的强度指标，但在工程中很少直接测定它，而是通过测定立方体的抗压强度进行换算。其原因是立方体试块具有节省材料、制作简单、便于试验加荷对中、试验数据离散性小等优点。由对比试验得到：轴心抗压强度与立方体抗压强度的比值，对强度等级C50及以下混凝土取0.76，对强度等级C80混凝土取0.82，中间按线性规律变化。

混凝土强度越高，越显示脆性。

2.混凝土抗拉强度

混凝土的抗拉性能很差，抗拉强度标准值f_{tk}是轴心抗压强度标准值的

$\frac{1}{8} \sim \frac{1}{16}$，强度越高，其差别越大。

(二)混凝土的变形

1.混凝土短期加荷下的应力——应变关系

(1)应力——应变曲线

混凝土棱柱体在一次短期加荷下(从加荷至破坏的短期连续过程)的应力——应变曲线由受拉段和受压段组成。受压段曲线分为上升段和下降段。

混凝土受拉时的应力——应变曲线与受压时相似，但只有上升段。其极限拉应变为1/10000~1.5/10000，为受压极限应变的1/20左右。因而，混凝土受拉时容易开裂。

(2)混凝土的变形模量

从混凝土的应力——应变曲线可见，混凝土的应力/与应变之间不存在完全的线性关系，胡克定律不适用。但在计算时，往往需要混凝土的弹性模量。因此仿照弹性材料力学方法，通过"变形模量"来表示混凝土的应力——应变关系。

2.混凝土在荷载长期作用下的变形——徐变

混凝土受压后，除产生瞬时压应变外，在维持其应力不变的情况下(荷载长期不变化)，其应变随时间而增长，这种现象称为混凝土的徐变。徐变在开始时发展较快，尔后逐渐减慢，当施加的初始应力较小时，徐变经较长时间后趋于稳定(2~4年)。相当部分的徐变变形在卸荷后是不可恢复的。

混凝土徐变对混凝土构件的受力性能有重要影响。它将使构件的变形增加(如长期荷载下受弯构件的挠度由于受压区混凝土的徐变可增加一倍)；在截面中引起应力重分布(如使轴心受压构件中的钢筋压应力增加，混凝土压应力减少)；在预应力混凝土构件中，混凝土的徐变引起相当大的预应力损失。

影响混凝土徐变大小的因素，除初始应力的大小和时间的长短外，还与混凝土所处的环境条件和混凝土的组成有关。混凝土养护条件越好(如采用蒸汽养护)、周围环境越潮湿、受荷时的龄期越长，则徐变越小；水泥用量越多、水灰比越高、混凝土不密实、骨料级配越差、骨料刚度越小，则徐变越大。

3. 混凝土的收缩

混凝土在空气中硬化时体积变小的现象称为混凝土的收缩。混凝土收缩的原因主要是混凝土的干燥失水和水泥胶体的碳化、凝缩,是混凝土内水泥浆凝固硬化过程中的物理、化学作用的结果,与力的作用无关。

混凝土的初期收缩变形发展快。两周可完成全部收缩量的25%,1个月约完成50%。整个收缩过程可延续两年以上,最终收缩值为 $(2 \sim 5) \times 10^{-4}$。

混凝土的自由收缩只会引起构件体积的缩小而不会产生应力和裂缝。但当收缩受到约束时(如支承的约束、钢筋的存在等),混凝土将产生拉应力,甚至会开裂。

为了减轻收缩的影响,应在施工中加强养护;减小水泥用量和水灰比;采用坚硬的骨料和级配好的混凝土。此外,还可采取预留伸缩缝、分段浇捣混凝土等措施,以减少收缩的影响。

(三) 混凝土强度等级的选用原则

混凝土轴心抗压强度、抗拉强度等,都和混凝土立方体抗压强度有一定关系。因此,可以按混凝土立方体抗压强度的大小将混凝土的强度划分为不同的等级,以满足不同类型的结构构件对混凝土强度的要求。

相关规定将混凝土结构用混凝土强度分为14个等级,从C15 ~ C80,每级相差 $5N/mm^2$。

钢筋混凝土结构的混凝土强度等级不应低于C20。采用 HRB400、HRBF400、HRB500、HRBF500级钢筋时混凝土强度等级不宜低于C25。

承受重复荷载的钢筋混凝土构件,混凝土强度等级不应低于C30。

预应力混凝土结构的混凝土强度等级不宜低于C40,且不应低于C30。

素混凝土结构的强度等级不应低于C15,垫层、地面混凝土及填充用混凝土可采用C10。

三、钢筋与混凝土的相互作用—黏结力

(一) 黏结力的概念

钢筋和混凝土共同工作的基础是黏结力。黏结力是存在于钢筋与混凝土界面上的作用力。

试验表明，黏结力主要由三部分组成：一是由于混凝土收缩将钢筋紧紧握固而产生的摩擦力；二是由于混凝土颗粒的化学作用而产生的胶合力；三是由于钢筋表面凹凸不平与混凝土之间产生的机械咬合力。其中机械咬合力约占总黏结力的一半以上，带肋钢筋的机械咬合力要大大高于光面钢筋的机械咬合力。此外，钢筋表面的轻微锈蚀也会增加它与混凝土之间的黏结力。

黏结强度的测定通常采用拔出试验方法，将钢筋一端埋入混凝土中，在另一端施力将钢筋拔出。由拔出试验可以得知：

第一，最大黏结应力在离开端部的某一位置出现，且随拔出力的大小而变化，黏结应力沿钢筋长度是呈曲线分布的；

第二，钢筋埋入长度越长，拔出力越大；但埋入长度过大时，其尾部的黏结应力很小，基本不起作用；

第三，黏结强度随混凝土强度等级的提高而增大；

第四，带肋钢筋的黏结强度高于光面钢筋，而在光面钢筋末端做弯钩可以大大提高拔出力。

(二) 保证钢筋和混凝土之间黏结力的措施

(1) 足够的锚固长度

受拉钢筋必须在支座内有足够的锚固长度，以便通过该长度上黏结应力的积累，使钢筋在靠近支座处能够充分发挥作用。

当计算中充分利用纵向受拉钢筋强度时，其锚固长度不应小于受拉钢筋的锚固长度 l_a。

受拉钢筋的锚固长度 l_a 在一般情况下可取基本锚固长度 l_{ab}；当采取不同的埋置方式和构造措施时，锚固长度应取基本锚固长度 l_{ab} 乘以锚固长度修正系数 $\chi\zeta_a$

$$l_a = \zeta_a l_{ab} \tag{1-13}$$

$$l_{ab} = \alpha \left(f_y / f_t \right) d \tag{1-14}$$

式中 f_y ——普通钢筋的抗拉强度设计值，对预应力筋取为 f_{py}；

f_t ——混凝土轴心抗拉强度设计值，当混凝土强度等级高于 C60 时，按

C60取值；

d ——锚固钢筋的直径或锚固并筋的等效直径；

α ——锚固钢筋的外形系数，对光面钢筋取0.16，对带肋钢筋取0.14，对螺旋肋钢丝取0.13，对三股钢绞线取0.16，对七股钢绞线取0.17。

锚固长度修正系数 ζ_a 按以下规定取用，当多于一项时，可按连乘计算。①当钢筋的公称直径大于25mm时取1.1；②对环氧树脂涂层钢筋取1.25；③施工过程中易受扰动的钢筋取1.1；④当纵向受力钢筋的实际配筋面积大于其设计计算面积时，取设计计算面积与实际配筋面积的比值。但对有抗震设防要求及直接承受动力荷载的结构构件不得考虑此项修正；⑤锚固区混凝土配置箍筋且保护层厚度不小于3d时，修正系数可取0.8，大于5d时，修正系数可取0.7(此处d为纵向受力钢筋直径)。

当纵向受拉钢筋末端采用机械锚固措施时，包括附加锚固端头在内的锚固长度(投影长度)修正系数可取0.7。机械锚固形式有：末端弯折、贴焊锚筋、末端与锚板穿孔塞焊及末端旋入螺栓锚头等。当末端90°弯折时，弯后直段长度为124mm；当两侧贴焊锚筋时，两侧贴焊长3d短锚筋；末端与锚板穿孔塞焊时，焊接锚板厚度不宜小于D。焊接应符合相关标准的要求，锚板或螺栓锚头的承压净面积应不小于锚固钢筋计算截面积的4倍；螺栓锚头和焊接锚板的间距不大于3d时，宜考虑群锚效应对锚固的不利影响。截面角部的弯折、弯钩和一侧贴焊锚筋方向宜向内偏置。

经修正的锚固长度不应小于基本锚固长度的0.6倍且不小于200mm。

当计算中充分利用钢筋的抗压强度时，受压钢筋的锚固长度应不小于相应受拉锚固长度的0.7倍。

(2)一定的搭接长度

受力钢筋搭接时，通过钢筋与混凝土间的黏结应力来传递钢筋与钢筋间的内力，因此必须有一定的搭接长度才能保证内力的传递和钢筋强度的充分利用。

轴心受拉及小偏心受拉构件、双面配置受力钢筋的焊接骨架、需要进行疲劳强度验算的构件等，不得采用搭接接头；当受拉钢筋直径大于25mm及受压钢筋直径大于32mm时不宜采用搭接接头；对于其余情形下的受力钢筋可采用搭接接头。

同一构件各根钢筋的搭接接头宜相互错开，位于同一连接范围内的受拉钢筋接头百分率不超过 25%，受压钢筋则不宜超过 50%。钢筋绑扎搭接接头连接区段的长度为 1.3 倍搭接长度。所谓同一连接范围，是指搭接接头中点位于该连接区段长度内。

纵向受拉钢筋绑扎搭接长度 l_l 与搭接接头面积百分率有关：当同一连接区段内的搭接接头面积 ≥ 25%、为 50% 或 100% 时，l_l 分别为 1.2 l_a、1.4 l_a 和 1.6 l_a，但均不小于 300mm。

受压钢筋与混凝土的黏结优于受拉钢筋。位于同一连接范围的受压钢筋搭接接头百分率不宜超过 50%，其搭接长度不应小于相应纵向受拉钢筋搭接长度的 0.7 倍；且在任何情况下均不小于 200mm。

（3）混凝土应有足够的厚度

钢筋周围的混凝土应有足够厚度（包括混凝土保护层厚度和钢筋间的净距），以保证黏结力的传递；同时为了减小使用时的裂缝宽度，在同样钢筋截面面积的前提下，应选择直径较小的钢筋以及带肋钢筋。

当结构中受力钢筋在搭接区域内的间距大于较粗钢筋直径的 10 倍或当混凝土保护层厚度大于较粗钢筋的 5 倍时，搭接长度可比上述规定减小，取为相应锚固长度。

（4）钢筋末端应做弯钩

光面钢筋的黏结性能较差，故除轴心受压构件中的光面钢筋及焊接网或焊接骨架中的光面钢筋外，其余光面钢筋的末端均应做 180° 标准弯钩。

（5）配置箍筋

在锚固区或受力钢筋搭接长度范围内，应配置箍筋以改善钢筋与混凝土的黏结性能。

在锚固长度范围内，箍筋直径不宜小于锚固钢筋直径的 1/4，间距不应大于单根锚固钢筋直径的 10 倍（采用机械锚固措施时不应大于 5 倍），在整个锚固长度范围内，箍筋不应少于 3 个。

在受力钢筋搭接长度范围内，箍筋直径不宜小于搭接钢筋直径的 1/4；箍筋间距在钢筋受拉时不大于 100mm 且不大于搭接钢筋较小直径的 5 倍，在钢筋受压时不大于 200mm 且不大于搭接钢筋较小直径的 10 倍。当受压钢筋直径大于 25mm 时，应在搭接接头两个端面外 50mm 范围内各设两根箍筋。

（6）注意浇注混凝土时的钢筋位置

黏结强度与浇注混凝土时的钢筋位置有关。在浇注深度超过300mm的上部水平钢筋底面，由于混凝土的泌水、骨料下沉和水分气泡的逸出，形成一层强度较低的混凝土层，它将削弱钢筋与混凝土的黏结作用。因此，对高度较大的梁应分层浇注和采用二次振捣。

（7）注意并筋的配置

为解决配筋密集引起设计、施工的困难而采用并筋的配筋形式时（所谓并筋，是指2根或3根钢筋并在一起所形成的钢筋束），一般二并筋可在纵向或横向并列，而三并筋宜做"品"字形布置。直径28mm及以下的钢筋并筋数量不宜超过3根（三并筋）；直径32mm的钢筋并筋数量宜为2根（二并筋）；直径36mm及以上的钢筋不宜采用并筋。

并筋可按单根等效直径的钢筋进行设计，等效直径应按截面面积相等的原则经换算确定。并筋可视为计算截面积相等的单根等效钢筋，相同直径的二并筋等效直径为1.41d；三并筋等效直径为1.73d。并筋等效直径的概念可用于规范中钢筋间距、保护层厚度、裂缝宽度验算、钢筋锚固长度、搭接接头面积百分率及搭接长度等的计算中。

第二章　建筑结构常用材料

第一节　混凝土

一、混凝土概述

混凝土是常见的建筑材料。我们日常生活中所见到的建筑物大多数是全部或部分使用混凝土作为主体结构材料的。混凝土是一种脆性材料。现代混凝土用水泥、水、砂子和碎石制成，需要与钢材联合工作，才能保证其功效的发挥。作为一种优异的建筑材料，其价格相对低廉，可以就地取材，也可以被塑造成各种形状，这样便可以满足建筑师在设计时对于建筑形体、曲线等的特殊需求。因此，混凝土被许多建筑师作为城市雕塑作品的理想材料。另外，混凝土耐火性能、耐腐蚀性能好，可以在许多恶劣的条件下使用。但是混凝土的缺点也是显而易见的，与其强度相比，其自重也不小，因此很多采用混凝土的结构，所承担的荷载实际上就是结构的自重，在大跨度结构中尤甚。从效率的观点来看，混凝土的承载效率较低。

与此同时，混凝土在强度上存在先天的缺陷。

首先，相对于混凝土的较好承压能力来讲，其抗拉能力很弱，这在结构使用中可以说是致命的缺陷——荷载的不确定性，必然导致结构在微观状态下的受力也随之存在不确定性，不仅是受压，还要受拉。因此，必须在设计中考虑荷载与应力的复杂变化与规律，在可能受拉的部位配置能够抗拉的补充材料——多数情况下采用钢筋，但实际工程的复杂性有时会使得优秀的工程师在设计时也不能预见到所有状况。

其次，混凝土的强度具有极大的离散性与不稳定性，这与混凝土的成分与制作过程有关。混凝土是由骨料(石子与砂)、水泥凝胶(水与水泥的水化物)组成的混合物。由于施工与材料的原因，混凝土内部除了以上两种主要材料，还有少量的未水化的水泥颗粒，游离的或结合在水泥凝胶表面的水分、气泡、杂质等。混凝土是组成不均匀的材料，不同构件的施工作业条件也存在巨大的差异，其力学性能必然体现出较大的离散性。因此，在设计中所采用的强度标准在实践中不一定全部满足。

通过多年的研究与实践，现代的工程技术已经可以有效地控制混凝土的质量，并采用钢筋、钢纤维等材料改善混凝土的性能，弥补其缺陷。但从现在的建筑工程材料发展来看，可以大范围取代混凝土的材料还没有出现。

对于一些特殊的构筑物，由于自身的重量与特定的环境要求，如港口、道路、水坝等，混凝土材料为首选。

普通跨度的多层与高层结构多数采用混凝土结构，但随着层数的增加、跨度的加大，结构强度的效率（结构强度抵抗外荷载的比率）随着结构自重的增大而减小。因此，超高层与大跨结构多数选择钢结构，相对于混凝土来讲，相同的构件截面可以承担更大的荷载。

二、混凝土的强度

(一) 材料强度的测算方法

作为离散性较大的材料，混凝土的强度较为复杂。同时，混凝土又是受压与受拉强度差异较大的材料，因而其强度测算更加复杂。

确定材料强度指标的方法与确定荷载指标的方法类似，即模拟结构材料各种可能的常规工作环境，对于按照标准生产的材料，制作成标准试件，以标准的测试方法测量各个试件的强度指标，再以统计的方法测算各种强度区间的概率指标，回归成强度分布图。统一标准是指接受同一批次试验的试件混凝土配合比与组成材料的成分相同，就是使用相同来源的原材料与相同的配合比。采用不同原材料，按不同配合比可以设计出相同的强度等级的混凝土，但不能作为同一组试件进行试验。

强度分布图一般呈正态分布，试验中按照95%保证率的原则来选择特征强度指标，使高于该指标的材料强度的总概率为95%，即失效率为5%。

因此，按照正态分布函数的基本数学特征，可以确定材料的强度指标为

$$R_k = \mu - 1.645\sigma \qquad (2\text{-}1)$$

式中：

R_k —— 被试验检验材料的基本强度指标。

μ —— 被试验检验材料在统计性试验中所测得的材料强度平均值。

σ —— 被试验检验材料在统计性试验中所测得的材料强度的标准差值。

以此方式测量并确定的材料强度指标被称为该种材料的强度标准值，是材料的基本特征之一。设计过程中，在考虑材料的环境适应度后，确定材料的设计值为

$$R = \frac{R_k}{\gamma_m} \qquad (2\text{-}2)$$

式中：

R_k —— 材料的设计值，适用于各种环境的材料强度指标。

γ_m —— 材料强度的分项系数，根据材料的不同，分项系数也不尽相同，在我国各种设计规范与规程中均有相应的规定。

如果采用不同的保证率来衡量同一标准所生产的试件，则强度等级有所不同，提高保证率会导致强度等级降低，而降低保证率会得到较高的强度等级。因此可以说，强度等级是与保证率相关的概念，是统计结果，并不代表着具体试件或构件的强度状况。按照低标准生产的个别试件与构件的强度等级，有可能达到较高的标准；同样，按照高标准生产的个别试件与构件的强度等级，也有可能达不到较高的标准——失效。

因此，对于混凝土强度的理解可以归纳为：

第一，混凝土的强度是指某一类混凝土的统计指标，单一的具体试件的强度指标与统计指标没有直接相关关系。

第二，以该指标来衡量某一类混凝土的强度，可以达到95%的保证率，即95%的试件强度均高于该指标，以该指标进行强度设计是相对安全的。

第三，对于同一组试件的试验结果，按照不同的保证率要求，所得到的特征强度是不同的。

第四，不排除较低强度等级的试件，在试验中可能达到较高的强度指标，但不能说明该试件的强度指标就是高强度等级的。

在设计和施工中常用的混凝土强度可分为立方体抗压强度、轴心抗压强度和轴心抗拉强度。

(二) 立方体抗压强度

混凝土的立方体抗压强度 (简称立方体强度) 是衡量混凝土强度的重要指标, 混凝土强度等级由立方体抗压强度标准值确定。立方体抗压强度标准值是混凝土各种力学指标的基本代表值, 是在特定的条件下, 使用特定的试验方法, 对特定的混凝土进行测试所得出的混凝土强度指标。

按照我国的混凝土技术规范, 对立方体抗压强度的定义与测算, 可以做如下描述: 在标准的试验机上, 以标准的实验方法, 对于大量的、按照某统一标准生产制作的混凝土标准试件进行压缩破坏, 所得出的保证率为 95% 的强度指标——f_{cu}。

根据《混凝土结构设计规范》(GB 50010—2010) 的规定, 将混凝土等级分为 14 级, C15、C20、C25、C30、C35、C40、C45、C50、C55、C60、C65、C70、C75、C80。其中, C 表示混凝土, 后面的数字表示混凝土立方体抗压强度的标准值, 单位是 N/mm^2。

素混凝土结构的强度等级不应低于 C15; 钢筋混凝土结构的混凝土强度等级不应低于 C20; 采用 400 MPa 及以上钢筋时, 混凝土强度等级不应低于 C25; 承受重复荷载的钢筋混凝土构件, 混凝土强度等级不应低于 C30; 预应力混凝土结构的混凝土强度等级不宜低于 C40, 且不应低于 C30。同时, 还应根据建筑物所处的环境条件确定混凝土的最低强度等级, 以保证建筑物的耐久性。

将标准试件放置在试验机上, 当压力试验机压力较小时, 试件表面无变化, 但可以听到混凝土试件内部隐约的啪啪声, 表明试件内部的微裂缝出现; 随着压力试验机压力的增加, 试件侧面中部开始出现竖向裂缝, 并逐渐向上、下底面延伸; 逐渐地, 中部的混凝土开始脱落, 混凝土可能出现正、倒四角锥体相连的形态; 如果再进一步增加荷载, 压力达到一定数量之后, 正、倒四角锥体相连体的中部混凝土破碎, 整个试件被破坏。

在试验过程中, 要符合以下三个 "标准":

1. 标准试验机

所谓标准试验机, 是指用来压缩试块的试验机的基本指标, 重点在于试块上下两端的压板。

压板的刚度是重要的指标，压板的刚度过小，会使得在试验过程中压板变形过大，在试块破坏时压板变形恢复量大，而加快试件的破坏。

压板与试件接触面的摩擦系数也十分关键，根据力学的一般原则，受压构件会产生侧向尺度的膨胀，如果摩擦系数较大，压板会在试件的压缩过程中对试件的上、下两端形成强大的、防止试件侧向扩展的约束作用，即形成约束试件上、下边缘侧向变形，形成类似环箍的作用，称为"环箍效应"，可以有效约束混凝土端部裂缝的出现与开展，延缓试件的破坏。在标准试验机上，由于摩擦的约束作用，试件受压破坏的结果是形成两个类似的四角锥相对放置的情形，即上、下端没有被破坏或少量被破坏，中部破坏较大。当对试件与压板进行润滑处理后，原有的摩擦力减小，对端部的环箍效应就会减弱或消失，试件被均匀破坏。

2. 标准的试验方法

所谓标准的试验方法，是指试验机的加荷速度为 0.3 ~ 0.5MPa/s（C30以下试件），或为 0.5 ~ 0.8MPa/s（C30 及以上试件）。这是因为混凝土的破坏实质上是混凝土内部裂缝开展的累积结果，裂缝开展的速度与荷载增加速度的关系也就十分重要。如果荷载的增加速度快于试件内部破坏裂缝开展的速度，会使得试验结果偏高；反之，如果荷载的增加速度慢于试件内部破坏裂缝开展的速度，在加荷的过程中混凝土试件内部的微裂缝会充分地开展，将会导致试件承载结果偏低。

3. 标准试件

标准试件是指试件的尺度与养护状况。我国规范所确定的标准试件的尺度为150毫米边长的立方体，养护状况为标准状况即20℃ ±3℃，90% 相对湿度，标准大气压下养护28天。

当试件的形状与尺度不同时，所得的试验结果也必然存在较大的差异。从尺度来看，较大尺度的试件所测得的结果偏低，其原因在于较大的尺度会导致边界的"环箍效应"影响区域相对降低；相反，较小的尺度会形成试件的试验结果稍高的情况。

不同的形状也会形成受力破坏的不同。国外多采用圆柱形的试件，受力相对均匀；我国采用立方体试件，制作简单方便，虽然在受力上不均匀，但经过多年的调整与积累，已经形成了完整的测试理论与修正方法。

另外，混凝土是逐渐生成强度的材料，是水泥与水逐渐水化、固化并与石子、砂子共同形成强度的材料。因此其强度的形成过程在不同的条件下是不同的，在不同的时间也是不同的。规定混凝土的养护条件与时间，就是为了对混凝土的强度形成过程加以标准化与量化。

由于边界效应的影响，立方抗压强度指标较高，不能作为实际结构中的混凝土强度指标，一般仅用于判断混凝土的强度等级，实用价值并不大。

（三）轴心抗压强度

在工程中，钢筋混凝土轴心受压构件的长度比其横向尺寸小得多。因此，这些构件中的混凝土强度与混凝土棱柱体轴心抗压强度接近。在设计这类构件时，混凝土强度应采用棱柱体轴心抗压强度，简称轴心抗压强度。

混凝土轴心抗压强度按照标准方法制作养护的截面为 150mm × 150mm，高度为 300mm 的棱柱体标准试件，经 28 天龄期，用标准试验方法测得的抗压强度用符号 f_c 表示。

在试验中，由于压力试验机压板对于试件的边界约束影响区域有限，当立方抗压强度试件的高度增加时，试件中部所受的影响逐渐减小，试件受压破坏的强度指标逐渐降低。在试验中人们发现，当试件高度增加至宽度的 3 倍以上时，试件的强度指标不再降低，而是趋于稳定，说明此时试件中部受压破坏截面已经不再受边界约束的影响，其破坏体现出混凝土材料本身的破坏强度。

因此，在我国《混凝土结构设计规范》中，将此时的混凝土试件受压强度称为轴心抗压强度，也叫作混凝土的棱柱体抗压强度。轴心抗压强度可以被作为混凝土构件受压设计的强度指标。

（四）轴心抗拉强度

由于在某些特定条件下，混凝土的抗拉强度指标也很重要。对于特殊建筑物，如抗渗性要求较高的水池、地下室的外墙等，混凝土抗裂性的高低是保证不发生渗漏的主要因素，此时，特别需要使用混凝土的受拉强度进行抗裂计算，因此对于混凝土来说，也需要抗拉强度。与受压强度相比，混凝土的抗拉强度很低，虽然有一定的强度，但一般不作为计算依据。在实际结构设计中，凡是混凝土的受拉区均配有钢筋来承担拉应力，故一般也不考虑混凝土的抗拉强度。在拉力的作用下，混凝土是开裂的，钢筋混凝土是带裂缝工作的。

与钢材有所不同，混凝土的抗拉强度极低，必须采用特定的措施才能够测定。

混凝土抗拉强度的试验测定一般采用两种方法来进行：标准受拉试验与劈拉试验。

标准抗拉试验所测得的强度指标为混凝土的抗拉强度。但是这样的试验方式受钢筋对中的影响很大，对于试件的尺度与精确度要求很高，试验困难程度高。因此在工程中，我们经常采用力学折算方式来进行抗拉强度的试验测定，具体方式是：从弹性力学的基本原理出发，取立方体或圆柱体混凝土试件，当压力达到一定的数值后，在试件的中心部位会形成侧向拉力并将混凝土拉裂。根据力学原理，可以折算出核心拉力与上、下压板压力的相关关系，即可以从压力的实测数值折算出混凝土的抗拉强度。

（五）特殊强度

混凝土的特殊强度是指混凝土在多维压力作用下的强度指标，即在多维压力作用下的材料强度，以及与普通单轴压力作用下强度的相关关系。

在实际结构中，由于受弯矩、剪力、扭矩等多种外力的作用，混凝土经常不处于简单的单轴应力状态，而受多种应力的组合作用，混凝土构件中的受力混凝土单元体也会处于多维应力的作用下。另外，在实际工程中，混凝土还经常处于局部受力状态，如混凝土或钢柱作用于混凝土基础上，形成对混凝土基础较高的局部压力，如果简单地从混凝土普通强度的角度是难以解释的。

从常识中我们可以知道，各方面均受压的密实物体是不会受压被破坏的，如一个密实的钢球，虽置于大洋的底部，受巨大的水压作用，但钢球并不会被破坏，甚至连形状也不会有任何改变，其原因在于各个方向的压力作用完全相同。也就是说，当内部致密的材料受到各个方向完全相同的压力作用时，材料会体现出很高的受压强度，理论上是无穷大的。

对于实际的工程材料，混凝土材料也是如此，在受压的同时有侧向压力的作用。该侧向压力会延缓纵向受压所形成裂缝的出现与开展，促使纵向受压强度在一定范围内有效提高；反之，侧向拉力会使纵向受压裂缝的开展加快，促使纵向受压强度明显降低。

多维强度可以采用经验公式 $f^* = f_c + 4 \cdot 1\sigma_2$ 来进行计算，式中：f^* 为被约束混凝土的抗压强度；f_c 为非约束混凝土的抗压强度；σ_2 为约束混凝土的侧向压力。

在工程中，对于混凝土的多维强度的应用是很广泛的，不仅是局压问题的解释，而且有实际的工程构件与结构，如螺旋箍筋与钢管混凝土。

螺旋箍筋是圆形或多边形钢筋混凝土轴心受压柱经常采用的一种配筋方式。其主要作用不在于承担普通箍筋所承担的剪力，而是对其内部的核心混凝土形成有效的侧向压力，提高混凝土的抗压能力。

钢管混凝土是在钢管中灌注混凝土，形成内部是混凝土外部是钢管的钢管混凝土构件。在实际结构中，该结构主要用于轴心受压构件，如高层建筑底层的柱、拱桥的主拱、地下结构的主柱等。使用钢管混凝土结构不仅可以有效地减小原来使用钢筋混凝土的构件的截面，还可以有效提高构件的延性，使结构具有良好的抗震性能。

三、混凝土的变形

混凝土的变形分为两大类，一类是由外荷载作用而产生的受力变形，包括一次短期加载变形、荷载长期作用下的变形；另一类是非荷载引起的体积变形，包括混凝土收缩变形、温度变形等。

（一）一次短期荷载下的变形

混凝土在外荷载的短期作用下会发生变形，其变形的组成包括：材料的弹性变形，该变形在外力去除后可以恢复；水泥胶体（水泥与水的水化物）的塑性变形，该变形在外力去除后不可以恢复，但不会形成混凝土的破坏；微裂缝的开展所体现的宏观变形，虽没有形成宏观破坏，但不可以恢复，是混凝土被破坏的基本原因。短期外荷载与变形呈相关关系，荷载越大，变形越大，塑性体现得越发明显。

混凝土在一次加载下的应力应变关系是混凝土最基本的力学性能之一，可以较全面地反映混凝土的强度和变形特点，反映出混凝土在各个受力阶段与状态下的变形过程，是确定各种受力状态下，各种构件截面上，混凝土受压区应力分布图形的基本与主要依据。

大量的统计试验回归分析表明，混凝土的标准强度（立方抗压强度）的变化与混凝土的变形能力——塑性，并不呈现出确定的相关关系，而且强度提高或降低时，混凝土的极限变形能力基本相差不大。

（二）长期荷载作用下的变形

混凝土在长期的高荷载作用下会发生徐变——指混凝土在长期的、不变的、较高的荷载作用下，其变形随时间的增长而增加的现象。徐变会使混凝土梁挠度增加，柱偏心增大，预应力结构的预应力损失，结构受力状况改变，以及内力重分布。

徐变在受力的早期发展迅速，随时间的推移，发展速度逐渐减小，最终徐变量趋于稳定。当外力撤除后，构件不会形成瞬时回缩。

混凝土产生徐变的原因在于：①混凝土内部水泥与水的水化物（水泥胶体）在高应力状态下的塑性流动（水泥胶体在高应力状态下其形状会在一定范围内逐渐发生改变）。这种微观状态下的形体改变会随着时间的推移逐步累积形成宏观上的变形表现；②混凝土受力后，其内部也同时产生了大量的不可恢复的细小裂缝，但是由于荷载并没有达到混凝土的临界破坏荷载，因此细小裂缝形成后，逐渐稳定并不再继续发展成为破坏性裂缝，细小的微观状态的裂缝也会在宏观上形成变形。

试验表明，徐变与下列因素有关：

第一，水泥用量越多，水灰比越大，徐变越大。当水灰比在 0.4～0.6 范围内变化时，单位应力作用下的徐变与水灰比成正比。

第二，增加混凝土骨料的含量，徐变减小。当骨料的含量由 60% 增大到 75% 时，徐变将减小 50%。

第三，养护条件好，水泥水化作用充分，徐变减小。

第四，构件加载前混凝土的强度越高，徐变就越小。

第五，构件截面的应力越大，徐变越大。

徐变会给结构带来一些十分不利的影响，如增大混凝土构件的变形，引起预应力构件的预应力损失等，所以，应该控制徐变的产生。从混凝土徐变的原因分析可以知道，控制水泥胶体的流动、控制微观裂缝的开展是控制徐变的主要方法。在保证施工和易性与混凝土强度的基础上，增强混凝土的密实度，减少水泥胶体在混凝土中的含量，可以有效减小徐变。因此，控制徐变宜从以下四个方面进行：

第一，控制并减小水泥胶体在混凝土内部的总体积。采用减水剂可以在混凝土强度与坍落度不变的前提下有效减少水泥用量，进而减少水泥胶体的含量。也可以降低水灰比，减少水的用量，从而减少混凝土形成强度后其内部游离水的含量，减少裂缝发生的可能性。

第二，良好的砂石骨料及配备可以有效地形成混凝土内部较高的骨料密实度与骨架结构。不仅可以减少水泥胶体的体积，更可以抵抗水泥胶体的塑性流动。

第三，施工中的振捣，可以提高混凝土的密实度而减少水泥胶体的体积，不仅可以减少发生徐变的物质基础，更由于骨料的密实度提高而减少水泥胶体的塑性流动，进而抵抗徐变的发生。

第四，控制并减小混凝土内部微观裂缝的数量也是减小徐变所必需的。采用减水剂可以有效减少水的用量，减少多余水分蒸发所产生的毛细孔隙以及混凝土内部游离水分所形成的空洞，这些都是混凝土受力后产生应力集中的环节，因而也是裂缝开展的基础；配置相应的钢筋可以有效改善混凝土内部微观的受力状况，约束混凝土裂缝的开展；良好的养护可以使混凝土内部形成良好均匀的强度状态，对于减少徐变也有极大的作用。

(三) 混凝土的收缩

混凝土的非应力变形主要发生在混凝土的凝结硬化过程中。混凝土会发生体积的自然变化，一般表现为收缩。混凝土的收缩主要源于两方面——一种是干缩，是由于混凝土内部水分大量并短时间内的迅速蒸发失水所导致的体积减小，其表现犹如干涸的泥塘；另一种是凝缩，是水泥与水在凝结成胶体的过程中发生收缩，凝结硬化后的水泥胶体的体积要小于原混凝土的体积。这两种收缩均是混凝土在空气中凝结硬化所发生的。如果混凝土在水中凝结硬化，体积会略有膨胀。

混凝土的收缩与下列因素有关：

第一，水泥用量越多，水灰比越大，收缩越大；

第二，强度高的水泥制成的混凝土构件收缩大；

第三，骨料弹性模量大，收缩小；

第四，在结硬过程中，养护条件好，收缩小；

第五，混凝土振捣密实，收缩小；

第六，使用环境湿度大，收缩小。

混凝土的收缩对混凝土和预应力混凝土也会产生不利的影响，所以应该减少收缩的产生。减小徐变的方法对于减少收缩也是十分有效的，特别是加强混凝土的养护。另外，在混凝土的配料中加入膨胀剂，可以使其在凝结硬化过程中产生膨胀来抵消收缩。

(四) 混凝土的温度变形

当温度变化时，混凝土的体积同样也有热胀冷缩的性质。混凝土的温度线膨胀系数一般为 $(1.0 \sim 1.5) \times 10^{-5}℃$，用这个值去度量混凝土的收缩，则最终收缩大致为温度降低 $15℃ \sim 30℃$ 时的体积变化。当温度变形受到外界的约束而不能自由发生时，将在构件内产生温度应力。在大体积混凝土中，由于混凝土表面较内部的收缩量大，再加上水泥水化热导致混凝土的内部温度比表面温度高。如果把内部混凝土视为相对不变形体，它将对试图缩小体积的表面混凝土形成约束，在表面混凝土形成拉应力，如果内外变形较大，将会造成表层混凝土外裂。

四、混凝土的模量

(一) 弹性模量

从混凝土的应力——应变的整个受力过程来看，除了混凝土受力的初始阶段，混凝土不具备单一的、稳定的应力与应变的相关关系，即混凝土没有单一的弹性模量。

但是，根据混凝土受力的初始状态所表现出来的应力与应变的比例关系——弹性关系，混凝土的弹性模量可以定义为：以标准试验方法所确定的混凝土的应力应变曲线的起始点切线的斜率。

(二) 变形模量

由于混凝土的弹性模量仅仅说明与描述了混凝土受力变形初始状态的应力与应变的关系，因此，对于混凝土的各个受力过程的应力与应变关系还需要其他参数来进行描述。通常情况下，以混凝土的变形模量来表示混凝土应力应变曲线上任意一点的状态。所谓变形模量是指以标准试验方法所确定的混凝土的应力应变曲线上任意一点与起始点连线的斜率。

第二节　钢材与钢筋

一、钢材概述

钢是以铁为基础，以碳为主要添加元素的合金，同时伴随有其他改善钢材性质的元素以及不良杂质。随着钢材成分的不同，钢材的性能有很大差异。

钢材是优秀的建筑材料。与混凝土、木材相比，虽然质量密度较大 (钢筋混凝土为 25 千牛 / 立方米，木材为 6 千牛 / 立方米，钢材为 78 千牛 / 立方米)，但其强度设计值较混凝土和木材要高得多 (可以达到 10 倍以上)，而且钢材质地均匀，各向同性、弹性模量大，有良好的塑性和韧性，为理想的弹塑性体，并具有较好的延性，因而抗震及抗动力荷载性能好。钢材基本符合目前所采用的计算方法和理论，便于做各种力学计算与推导。

钢材的质量密度与屈服点的比值相对较低。因此，在承载力相同的条件下，钢结构与钢筋混凝土结构、木结构相比，构件横截面较小、重量较轻，更加便于运输和安装；钢结构生产具备成批大件生产和高度准确性的特点，可以采用工厂制作、工地安装的施工方法，所以其生产作业面大，可缩短施工周期，进而为降低造价、提高效益创造条件，更节约时间，对于商业建筑更有利于提前进入市场，效率较高。

钢材的强度高、承载力大而自重相对轻，因此钢结构有效空间较大，不仅是平面空间的有效率 (可利用面积 / 建筑总面积) 较高，而且可以在建筑有效使用高度不降低的情况下降低层高，进而在建筑物总高度不降低、建筑物使用空间满足的情况下，增加建筑物的层数，提供更多的使用面积。

另外，钢结构的构件截面是空腹的，可以为各种管道提供大量的空间，减少对于建筑空间的占用，并可以保证维修的方便。

钢结构不仅施工方便，对于拆卸也同样方便，拆卸后的钢材可以有效地回收利用，因此钢结构是很好的环保型结构体系，钢材是很好的环保型材料。

钢材可以经过焊接施工进行连接，由于焊接结构可以做到完全密封，一些要求气密性和水密性好的高压容器、大型油库、气柜、管道等板壳结构都采用钢结构。

将钢材制作成钢筋，置于混凝土的受拉区，形成钢筋混凝土，可以有效改善混凝土受拉不足的特点，发挥混凝土受压强度相对较高的优势，形成对材料的合理利用。

钢材的缺点在于不耐火，当温度在250℃以内时，钢的物理力学性质变化很小，但当温度达到300℃以上时，强度逐渐下降，达到450℃～650℃时，强度降为零。因此，钢结构可用于温度不高于250℃的场合。在自身有特殊防火要求的建筑中，钢结构必须用耐火材料予以维护。当防火设计不当或者当防火层处于破坏的状况下，有可能产生灾难性的后果。

钢结构抗腐蚀性较差。新建造的钢结构，一般都需仔细除锈、镀锌或刷涂料，以后隔一定时间又要重新刷涂料，维护费用较高。目前，国内外正在发展不易锈蚀的耐候钢，可大量节省维护费用，但未能被广泛采用。

无论是结构性能、使用功能还是经济效益，钢结构都有一定的优越性。

二、钢筋的种类

(一) 按照用途分类

用于钢筋混凝土结构和预应力混凝土结构中的普通钢筋可采用热轧钢筋；用于预应力混凝土结构中的预应力筋可采用预应力钢丝、钢绞线和预应力螺纹钢筋。

1. 普通钢筋

普通钢筋是用于各种钢筋混凝土构件中的非预应力筋，是由低碳钢或普通合金钢在高温下轧制而成的热轧钢筋。其强度由低到高分为 HPB300、

HRB335、HRBF335、HRBF400、RRB400、HRB500、HRBF500级。其中，HPB300级为低碳钢，外形为光面圆形，称为光圆钢筋；HRB335级、HRB400级和HRB500级为普通低合金钢；HRBF335级、HRBF400级和HRBF500级为细晶粒钢筋，均在表面轧有牙牙肋，称为变形钢筋。RRB400级钢筋为余热处理月牙纹变形钢筋，是在生产过程中钢筋热轧后经淬火提高强度，再利用芯部余热回火处理而保留一定延性的钢筋。

2. 预应力钢筋

预应力钢筋是用于混凝土结构构件中施加预应力的消除应力钢筋、钢绞线、预应力螺纹钢筋和中强度预应力钢筋。

中强度预应力钢丝的抗拉强度为800～1270 MPA，外形有光面和螺旋肋两种。消除预应力钢筋的抗拉强度为1470～1860 MPA，外形也有光面和螺旋肋两种。钢绞线是由多根高强钢丝扭结而成的，常用的有1×3（3股）和1×7（7股），抗拉强度为1570～1960 MPa。预应力螺纹钢筋又称精轧螺纹粗钢筋，是用于预应力混凝土结构的大直径高强钢筋，抗拉强度为980～1230 MPA。这种钢筋在轧制时，沿钢筋纵向全部轧有规律性的螺纹肋条，可用螺处套筒连接和螺帽锚圆，不需要再加工螺丝，也不需要焊接。

预应力筋宜采用预应力钢丝、钢绞线和预应力螺纹钢筋。

(二) 按照化学成分分类

如果按照钢材的化学成分分类，可以简单地分为碳素钢与合金钢两类。

1. 碳素钢

碳素钢包括低碳钢，含碳量小于0.25%；中碳钢，含碳量为0.25%～0.60%；高碳钢，含碳量高于0.60%。

2. 合金钢

合金钢包括低合金钢，合金元素总含量小于5.0%；中合金钢，合金元素总含量为5.0%～10%；高合金钢，合金元素总含量大于10%。

建筑工程中，钢结构用钢和钢筋混凝土结构用钢，主要使用非合金钢中的低碳钢，及低合金钢加工成的产品，合金钢亦有少量应用。

(三) 按照脱氧程度分类

如果按脱氧程度划分钢材的类别，可以分为沸腾钢、镇静钢和半镇静钢。

1. 沸腾钢

沸腾钢是脱氧不完全的钢，浇铸后在钢液冷却时有大量一氧化碳气体外溢，引起钢液剧烈沸腾。沸腾钢内部杂质、夹杂物多，化学成分和力学性能不够均匀、强度低、冲击韧性和可焊性差，但生产成本低，可用于一般的建筑结构。

2. 镇静钢

镇静钢是指在浇铸时，钢液平静地冷却凝固，基本无一氧化碳气泡产生，是脱氧较完全的钢。镇静钢钢质均匀密实，品质好，但成本高。镇静钢可用于承受冲击荷载的重要结构。

3. 半镇静钢

脱氧程度与质量介于镇静钢和沸腾钢之间的钢称为半镇静钢，其质量较好。此外，还有比镇静钢脱氧程度还要充分彻底的钢，其质量最好，称为特殊镇静钢。通常用于特别重要的结构工程。

(四) 按照使用方法分类

如果按照钢材在结构中的使用方式，还可以将钢材分为钢结构用钢与混凝土结构用钢。

1. 钢结构用钢

钢结构用钢多为型材——热轧成形的钢板和型钢等；薄壁轻型钢结构中主要采用薄壁型钢、圆钢和小角钢。钢材所用的母材主要是普通碳素结构钢及低合金高强度结构钢。钢结构用钢有热轧型钢、冷弯薄壁型钢、棒材、钢管和板材。

2. 混凝土结构用钢

钢筋混凝土结构用钢多为线材（钢筋）。混凝土具有较高的抗压强度，但抗拉强度很低。用钢筋增强混凝土的抗拉强度，可大大扩展混凝土的应用范围，而混凝土又对钢筋起保护作用。钢筋混凝土结构中的钢筋主要由碳素结构钢和优质碳素钢制成，包括热轧钢筋、冷拔钢丝和冷轧带肋钢筋、预应力混凝土用热处理钢筋、预应力混凝土用钢丝和钢绞线。

三、钢材的成分

钢的基本元素为铁，此外还有碳、硅、锰等杂质元素，及硫、磷、氧、氮等有害元素，这些元素总含量很少，但对钢材的力学性能却有很大的影响。

钢与生铁的区分在于含碳量的大小。含碳量小于 2.06% 的铁碳合金称为钢。含碳量大于 2.06% 的铁碳合金称为生铁。

碳：对于钢材中的各种添加元素来讲，碳是除铁以外最主要的元素。碳含量增加，使钢材强度提高，塑性、韧性，特别是低温冲击韧性下降，同时耐腐蚀性、疲劳强度和冷弯性能也显著下降，恶化了钢材可焊性，增加了低温脆断的危险性。一般建筑用钢要求含碳量在 0.22% 以下。焊接结构中，应限制在 0.20% 以下。

硅：作为脱氧剂加入普通碳素钢。适量的硅可提高钢材的强度，而对塑性、冲击韧性、冷弯性能及可焊性无显著的不良影响。一般镇静钢的含硅量为 0.10%～0.30%。含量过高（达 1%），会降低钢材塑性、冲击韧性、抗锈性和可焊性。

锰：是一种弱脱氧剂。适量的锰可有效提高钢材强度，消除硫、氧对钢材的热脆影响，改善钢材热加工性能，并改善钢材的冷脆倾向。同时不显著降低钢材的塑性、冲击韧性。普通碳素钢中锰的含量为 0.3%～0.8%。含量过高（达 1.0%～1.5%）会使钢材变脆变硬，并降低钢材的抗锈性和可焊性。

硫：是有害元素。硫会引起钢材热脆，降低钢材的塑性、冲击韧性、疲劳强度和抗锈性等。一般建筑用钢含硫量要求不超过 0.055%，在焊接结构中应不超过 0.050%。

磷：是有害元素。磷虽可提高强度、抗锈性，但会严重降低塑性、冲击韧性、冷弯性能和可焊性。尤其在低温时，易使钢发生冷脆。含量需严格控制，一般不超过 0.050%，焊接结构中不超过 0.045%。

氧：是有害元素，会引起热脆，一般要求含量小于 0.05%。

氮：能使钢材强化，但会显著降低钢材塑性、韧性、可焊性和冷弯性能，增加时效倾向和冷脆性，一般要求含量小于 0.008%。

为改善钢材的力学性能，可适量增加锰、硅含量，还可掺入一定数量的铝、镍、铜、机、钛、锯等合金元素，炼成合金钢。钢结构常用的合金钢中，合金元素含量较少，称为普通低合金钢。

四、钢材的应力与应变分析

在做此项分析前，通常将钢材做成标准受拉试件，进行张拉，并将其对横截面的应力与应变状况进行对比分析，做出应力应变曲线。

钢材受拉力被破坏的过程可以分为五个阶段：

Ⅰ：当拉力处于相对较小的阶段时，钢材的应力与应变呈固定的比例关系——弹性模量，而且不同的钢材拥有相同的弹性模量。弹性模量反映了计算结构变形的一个重要指标。

Ⅱ：当拉力达到并超过一定限值后，钢材的应力与应变曲线不再继续保持直线状态，而是逐步呈现出弯曲状态，表明钢材开始进入塑性。强度不同、种类不同的钢材开始进入塑性状态的时间不同，钢材弹性阶段与塑性阶段的区分点被称为比例极限——应力与应变成比例的最高应力极限。

Ⅲ：继续增加拉力，曲线开始进入颤动阶段，材料表现出在所承担的应力基本不变的前提下，应变持续性地增加，其宏观表现就是，在承担的荷载不变的情况下，发生持续性的变形增加。该现象被称为屈服，该阶段被称为钢材的屈服阶段，或"屈服台阶"，该阶段的特征强度指标被称为屈服强度。

Ⅳ：钢材在经过屈服阶段的内部金属结构调整后，应力与应变之间的相关关系恢复。虽然不成固定的比例关系，但应力与应变的增加同时存在，因此该阶段被称为钢材的强化阶段，强化阶段的应力顶峰被称为极限强度。

Ⅴ：经过强化阶段后的钢材，强度已经完全表现出来，再增加荷载，钢材就进入了破坏阶段。

从受力至破坏的几个阶段来看，钢材天然是用于建筑的结构材料。除了钢材具有较高的强度，钢材存在的屈服特征是极其重要的。正是有了屈服，才使得钢材这种材料，在保证承担较高应力与荷载的条件下，表现出较大的变形——破坏前的预警，可以向使用者提供破坏先兆，使其及时逃离或进行处理。另外，钢材屈服后不是立即被破坏，在钢材屈服后的强化阶段，钢材拥有一定的强度储备——屈服后强度，可以保证钢材的破坏后期强度，这也是安全的重要保证。

因此，在结构设计中，将屈服强度确定为钢材的强度指标，并规定钢材的屈服强度的实测值不应大于设计值的1.3倍。同时考虑极限强度与屈服强度的比值关系——强屈比，在承担较大动荷载的结构与抗震性能要求较高的结构、钢筋混凝土结构的受力主筋，对于该比例关系，要求不得低于1.25倍。

需要明确的是，并非所有的钢材都具有明显的屈服强度，体现出良好的塑性。很多钢材，如钢绞线、冷拔低碳钢丝等，其应力与应变曲线并不存在屈服与塑流过程。因此，其设计采用的屈服强度并非试验中可以真实测量的指标，而是一个折算指标——以抗拉强度的85%为屈服强度，称为条件屈服强度。

五、钢材的基本工程指标

为了保证结构中钢材的力学与变形性能，人们确定了以下指标，作为选择钢材必须进行检查的项目。

(一) 强度指标

除了屈服强度，还有极限强度，即钢材所能承担的最大受拉应力特征指标。当应力达到该指标时，被检测的钢材试件将被拉断。

(二) 塑性指标

塑性指标是指钢材的伸长率和断面收缩率。结构或构件在受力时（尤其承受动力荷载时）材料的塑性好坏往往决定了结构是否安全可靠。因此，钢材塑性指标比强度指标更为重要。

伸长率为：

$$\delta = \frac{(l_1 - l_0)}{l_0} \tag{2-3}$$

如果把经过受拉试验后的断裂试件的两段拼起来，便可测得标距范围内的长度 l_1，减去标距长 l_0 就是塑性变形值。此值与原长 l_0 的比率称为伸长率，是衡量钢材塑性的指标。它的数值越大，表示钢材塑性越好。良好的塑性可将结构上的应力（超过屈服点的应力）进行重分布，从而避免结构过早被破坏。

δ_5 和 δ_{10} 分别表示 l_0 =5 和 10 时的伸长率。对同一种钢材，$\delta_5 > \delta_{10}$。这是因为钢材各段在拉伸的过程中伸长量是不均匀的，颈缩处的伸长率较大。因此原始标距 l_0 与直径 d_0 之比越大，则颈缩处伸长值在整个伸长值中的比重越小，计算得出的伸长率就越小。某些钢材的伸长率是采用定标距试件测定的，如标距 100mm 或 200mm，则伸长率用 δ_{100} 或 δ_{200} 表示。

断面收缩率为

$$\Psi = \frac{(A_0 - A_1)}{A_0} \tag{2-4}$$

式中：

A_0 ——试件原来的断面面积。

A_1 ——试件拉断后颈缩区的断面面积。

断面收缩率是指试件拉断后，颈缩区的断面面积缩小值与原断面面积比值的百分率，是衡量钢材塑性的一个比较真实和稳定的指标。但是在测量时容易产生较大的误差，因而，钢材标准中往往只采用伸长率为塑性保证要求。

当钢材较厚时，或承受沿厚度方向的拉力时，要求钢材具有板厚方向的收缩率，以防厚度方向的分层、撕裂。

(三) 钢材的韧性

钢材的韧性是指钢材在塑性变形和断裂的过程中吸收能量的能力，也是表示钢材抵抗冲击荷载的能力。它是强度与塑性的综合表现。钢材韧性通过冲击韧性试验，测定冲击功来表示。

冲击韧性值为

$$a_k = \frac{A_k}{A_n} \tag{2-5}$$

式中：

A_k ——冲击功。

A_n ——试件缺口处的净截面面积。

钢材的冲击韧性越大，钢材抵抗冲击荷载的能力越强。有些材料在常温时冲击韧性并不低，但被破坏时往往呈现韧性破坏特征。

我国《钢结构设计规范》中，对钢材的冲击韧性有常温和负温要求的规定。选用钢材时，要根据结构的使用情况和要求，提出相应温度的冲击韧性指标要求。

(四) 冷弯性能

冷弯性能是指钢材在冷加工 (常温下加工) 产生塑性变形时，对产生裂缝的抵抗能力。通常采用试验方法来检验钢材承受规定弯曲程度的弯曲变形性能，检查试件弯曲部分的外面、里面和侧面是否有裂纹、裂断和分层。

(五) 抗疲劳性能

疲劳现象是指钢材受交变荷载反复作用 (微观产生往复应力)，钢材在应力低于其屈服强度的情况下，突然发生脆性断裂破坏的现象，称为疲劳破坏。

钢材的疲劳破坏一般是由拉应力引起的。首先在局部开始形成细小断裂，随后由于微裂纹尖端的应力集中而使其逐渐扩大，直至突然发生瞬时疲劳断裂。疲劳破坏是在低应力状态下突然发生的，所以危害极大，往往造成灾难性的事故。

(六) 钢材的可焊性

钢材的可焊性是指在一定工艺和结构条件下，钢材经过焊接后，能够获得良好的焊接接头的性能。可焊性分为：施工上的可焊性——材料是否容易进行焊接施工，在施工过程中，焊接是否会产生相关问题；使用性能上的可焊性——焊接后对钢材各种力学性能的影响，是否满足钢材的使用要求，焊接构件在焊接后的力学性能不能低于母材。

钢筋混凝土、劲性混凝土以及钢管混凝土属于钢与混凝土两种材料的复合材料。当然，混凝土本身就是一种复合材料。复合材料中，不同的材料成分往往承担着不同的微观力学作用，其工作性能往往是单一材料难以达到的。

第三节 钢筋混凝土

一、钢筋与混凝土协调工作的前提

并不是所有的或任意的两种材料均可以形成复合材料。尽管两种材料理论上可能存在优势互补，但共同工作必须存在可能性与前提。

混凝土与钢筋共同工作的前提在于两种材料具有有效的互补性：钢材有效地改善了混凝土力学性能的离散性，降低了混凝土破坏的脆性；混凝土对于钢材的连续性的侧向约束，大大降低了钢材发生失稳的概率，同时混凝土对钢材表面的保护也减少了钢材的锈蚀，减少了钢材在火中的损坏时间。

(一)钢筋的作用

钢筋在混凝土中的主要作用是配置在混凝土的受拉区，承担相应的拉力，并约束混凝土内裂缝的开展；要配置在混凝土内部的相对外侧，在其内部形成混凝土的核心区，并使该核心区混凝土处于多维应力状态，提高其强度；在混凝土内部形成钢筋骨架，使混凝土形成整体的结构。

劲性混凝土是在钢筋混凝土中加入型钢所形成的特殊复合材料。由于型钢芯的存在，可以有效改善混凝土的延性，大大提高混凝土的抗震性能；混凝土对钢材的侧向约束保证了钢材力学性能的发挥，不会因失稳提前退出工作。

钢管混凝土是在钢管中填入混凝土后形成的建筑构件，多数为圆形或多边形钢管混凝土。它利用钢管和混凝土两种材料，在受力过程中相互之间的组合作用——混凝土受压膨胀促使钢管膨胀受拉，钢管的反力促使混凝土处于多维受压状态，使混凝土的塑性和韧性大为改善，且可以避免或延缓钢管发生局部屈曲。钢管混凝土整体具有承载力高、塑性和韧性好、经济效益优良和施工方便等优点。

(二)混凝土的作用

混凝土在钢筋混凝土结构中主要承受压力；为钢筋提供有效的侧向支撑，避免受压钢筋失去稳定性；可以为钢筋提供有效的锚固，并为钢筋形成外部保护层，防止其锈蚀；包裹在钢材的表面，在火灾发生时可以延长钢材温度升高的时间，提高钢材的耐火极限。

因此，混凝土对钢材的保护是十分重要的，只有达到一定的厚度才能有效地保护钢材。混凝土保护层厚度是指结构中钢筋外边缘至构件表面范围，用于保护钢筋的混凝土，简称保护层，用 A 表示。混凝土保护层至少有三个作用：保护钢材不被锈蚀；在火灾等情况下使钢材的温度上升缓慢；对于钢筋混凝土结构，可以使纵向钢筋与混凝土有较好的黏结。

构件的混凝土保护层厚度与环境类别和混凝土强度等级有关。一般来讲，在阴湿的环境中、室外、地下以及腐蚀性环境中的保护层厚度要大些。随着混凝土强度等级的提高，混凝土的致密性会加大，相对的保护层厚度也会降低。

(三) 两种材料温度线膨胀系数的影响

除了共同工作的互补效应，混凝土与钢材的温度线膨胀系数在微观上基本相同，在同一数量级。其意义在于采用钢—混凝土所形成的复合型材料的建筑结构，可以保证在较大温度变化范围下钢材与混凝土共同工作的效果，保证复合材料的环境适应度。

二、钢筋与混凝土的黏结

钢筋与混凝土间具有足够的黏结是保证钢筋与混凝土共同受力、变形的基本前提。黏结应力通常是指钢筋与混凝土界面间的剪应力。

(一) 黏结力的来源

一般来说，钢筋在混凝土中的黏结力来源于以下四个方面。

1. 摩擦力

所谓摩擦力，是指钢筋与混凝土接触表面在钢筋受力后，所存在的摩擦作用。统计试验表明，这种摩擦力的大小与钢筋和混凝土接触的表面积成正比。对于表面粗糙的钢筋来讲，摩擦力是其锚固力的主要来源。

2. 化学胶着力

混凝土在凝结硬化过程中，水泥胶体与钢筋间产生的相互吸附的作用即化学胶着力。混凝土强度等级越高，胶着力也越高。

3.机械咬合力

钢筋表面的凸凹不平，在钢筋与混凝土之间由于力学作用出现相对错动时，所形成的机械挤压作用，表面变形钢筋——月牙纹、螺纹，会显著加强这种机械咬合作用。

4.锚固力

可在钢筋端部加弯钩、弯折或在锚固区焊短钢筋、焊角钢等来提供锚固能力。钢筋混凝土是最为常见的钢与混凝土共同工作的复合型材料。如果要保证钢筋受拉作用的实现，必须保证钢筋在混凝土中形成有效的锚固——提供受拉所产生的反力，才能发挥钢筋的作用。

(二) 黏结力的数学表达式

$$N = \pi d \int_0^1 \tau_f dx = \overline{\tau_f} \cdot \pi dl \tag{2-6}$$

式中：

N ——钢筋的黏结力。

x ——钢筋的锚固长度。

τ_f ——锚固力沿钢筋纵向长度的分布函数，即锚固长度范围内某点的黏结强度。

$\overline{\tau_f}$ ——平均黏结强度。

d ——钢筋直径。

可以看出，锚固力的大小与钢筋的锚固长度、钢筋直径、钢筋与混凝土连接表面状态有关。

影响钢筋与混凝土黏结强度的因素很多，主要有混凝土强度、保护层厚度及钢筋净间距、横向配筋及侧向压应力，以及浇筑混凝土时钢筋的位置等。

1.混凝土强度

光面钢筋和变形钢筋的黏结强度均随混凝土强度的提高而增加，但并不与立方体强度 f_{cu} 成正比，而与抗拉强度 f_t 成正比。

2. 保护层厚度 c 和钢筋净间距 s

对于变形钢筋，黏结强度主要取决于劈裂破坏。因此，相对保护层厚度 c/d 越大，混凝土抵抗劈裂破坏的能力也越强，黏结强度越高。当 c/d 很大时，若锚固长度不够，则产生剪切"刮犁式"破坏。同理，钢筋净距 s 与钢筋直径 d 的比值 s/d 越大，黏结强度也越高。

3. 横向配筋

横向钢筋的存在限制了径向裂缝的发展，使黏结强度得到提高。由于劈裂裂缝是顺钢筋方向产生的，其对钢筋锈蚀的影响比受弯垂直裂缝更大，将严重降低构件的耐久性。因此，应保证不使径向裂缝到达构件表面，形成劈裂裂缝。而且，保护层应具有一定的厚度，钢筋净距也应得到保证。配置横向钢筋可以阻止径向裂缝的发展。因此，对于直径较大钢筋的锚固区和搭接长度范围，均应增加横向钢筋。当一排并列钢筋的数量较多时，也应考虑增加横向钢筋来控制劈裂裂缝的产生。

4. 受力情况

在锚固范围内存在侧压力可提高黏结强度；剪力产生的斜裂缝会使锚固钢筋受到销栓作用而降低黏结强度；受压钢筋由于直径增大会增加对混凝土的挤压，从而使摩擦作用增加受反复荷载作用的钢筋，肋前后的混凝土均会被挤碎，导致咬合作用降低。

5. 钢筋位置

钢筋底面的混凝土出现沉淀收缩和离析泌水，气泡溢出，使两者间产生酥松空隙层，削弱黏结作用。

6. 钢筋表面和外形特征

光面钢筋表面凹凸较小，机械咬合作用小，黏结强度低。变形钢筋中，螺纹肋优于月牙肋。由于变形钢筋的外形参数不随直径成比例变化。因此，对于直径较大的变形钢筋，肋的相对受力面积减小，黏结强度也有所降低。此外，当钢筋表面为防止锈蚀涂环氧树脂时，钢筋表面较为光滑，黏结强度也将有所降低。

(三) 钢筋锚固和连接

《混凝土结构设计规范》(GB 50010—2010) 要求采用以下构造措施来保

证混凝土与钢筋黏结：

第一，对不同等级的混凝土和钢筋，要保证最小搭接长度和锚固长度；

第二，必须满足钢筋最小间距和混凝土保护层厚度的要求；

第三，在钢筋的搭接接头范围内应加密箍筋；

第四，钢筋端部应设置弯钩。

此外要合理浇筑混凝土，正确对待钢筋的锈蚀。

在构造措施中，钢筋的锚固和连接对黏结力影响非常大。

1. 钢筋的锚固

在实际工程中，当计算中充分利用钢筋的抗拉强度时，普通受拉钢筋的基本锚固长度应按下列公式计算

$$l_a = \frac{\alpha \cdot d \cdot f_y}{f_t \cdot d} \tag{2-7}$$

式中：

l_a ——受拉钢筋的基本锚固长度。

f_y ——普通钢筋强度设计值。

f_t ——混凝土轴心抗拉强度设计值，当混凝土强度等级高于 C60 时，按 C60 取值。

d ——钢筋直径。

α ——钢筋的外形系数，光面钢筋 $\alpha=0.16$，带肋钢筋 $\alpha=0.14$。

当符合下列条件时，计算的锚固长度应进行修正：

第一，带肋钢筋的直径大于 25mm 时，其锚固长度应乘以修正系数 1.1。

第二，环氧树脂涂层带肋钢筋，其锚固长度应乘以修正系数 1.25。

第三，当钢筋在混凝土施工过程中易受扰动（如滑模施工）时，其锚固长度应乘以修正系数 1.1。

第四，当纵向受力钢筋的实际配筋面积大于其设计面积时，如有充分依据和可靠措施，其锚固长度可乘以设计面积与实际配筋面积的比值；但对有抗震设防要求及直接承受动力荷载的结构构件，不得采用此项修正。

第五，锚固钢筋的保护层厚度为 3d 时，修正系数取 0.80，保护层厚度为 5d 时，修正系数取 0.70，中间采用插值法确定。d 为钢筋直径。

为了保证钢筋和混凝土的共同工作，现行《混凝土结构设计规范》（GB 50010—2010）要求，通过锚固强度的计算来确定基准锚固长度。除此之外，常规的增强锚固措施还有：

（1）端部弯钩

带肋钢筋与混凝土之间有良好的黏结作用，端部不需做弯钩。当计算中充分利用抗拉强度时，光面钢筋的末端都应做180°标准弯钩，弯后平直段长度不应小于3d。板中的细钢筋和插入基础内的受压钢筋常做成直弯钩。用作梁、柱中的附加钢筋、梁的架立钢筋和板中的分布钢筋的光面钢筋可不做弯钩。

（2）机械锚固措施

按计算，HRB335、HRB400、RRB400级钢筋的锚固长度较大，此时，也可以在钢筋末端采取机械锚固措施。

采取机械锚固措施时，锚固长度范围内的箍筋不应少于3个，直径不应小于锚固钢筋直径的1/4，间距不应大于锚固钢筋直径的5倍。当混凝土的保护层厚度不小于锚固钢筋直径的5倍时，可以不设置箍筋。

2. 钢筋的搭接

钢筋的连接可采用绑扎搭接、机械连接或焊接。机械连接接头及焊接接头的类型和质量应符合国家现行有关标准的规定。

纵向受拉钢筋绑扎搭接接头的搭接长度，应根据位于同一连接区段内的钢筋搭接接头面积百分率按下列公式计算，且不应小于300mm。

$$l_l = \zeta_l l_a \qquad (2\text{-}8)$$

式中：

l_l——纵向受拉钢筋的搭接长度。

ζ_l——纵向受拉钢筋搭接长度修正系数，当纵向搭接钢筋接头面积百分率为中间值时，修正系数可按内插取值。

第四节　劲性与钢管混凝土

一、劲性混凝土

(一) 劲性混凝土及其优点

劲性混凝 (SRC) 结构是钢与混凝土组合结构的一种主要形式。由于其承载能力强、刚度大、耐火性好及抗震性能好等优点，已越来越多地应用于大跨结构和地震区的高层建筑以及超高层建筑。

以劲性混凝土为主体结构的结构与构件，有时称为组合结构。组合结构的力学实质在于钢与混凝土间的相互作用和协同互补。这种组合作用使此类结构具有一系列优越的力学性能。

SRC 结构可比钢结构节省大量钢材，增大截面刚度，克服了钢结构耐火性、耐久性差及易屈曲、失稳等缺点，使钢材的性能得以充分发挥。采用 SRC 结构，一般可比纯钢结构节约钢材 50% 以上。与普通钢筋混凝土 (RC) 结构相比，劲性混凝土结构中的配钢率比钢筋混凝土结构中的配钢率要高很多，可以在有限的截面面积中配置较多的钢材。所以，劲性混凝土构件的承载能力可以高于同样外形的钢筋混凝土构件的承载能力一倍以上，从而可以减小构件的截面积，避免钢筋混凝土结构中的"肥梁胖柱"现象，增加建筑结构的使用面积和空间，降低建筑的造价，产生较好的经济效益。

劲性混凝土结构，钢骨架可作为施工的自承重体系，具有很好的经济和社会效益；同时，由于 SRC 结构整体性强，延展性能好等优点，能大大改善钢筋混凝土受剪破坏的脆性性质，使结构抗震性能得到明显的改善。即使在高层钢结构中，底部几层也往往为 SRC 结构。

我国是一个多地震国家，绝大多数地区为地震区，甚至位于高烈度区。因此，在我国推广 SRC 结构就具有非常重要的现实意义。到目前为止，我国采用 SRC 结构的建筑面积还不到建筑总面积的千分之一。由此可见，SRC 结构在我国有着非常广阔的市场和应用前景。

（二）劲性混凝土结构的特殊问题

首先，钢骨的含钢率。关于劲性混凝土构件的最小和最大含钢率，目前没有统一的认识，但当钢骨含钢率小于2%时，可以采用钢筋混凝土构件，而没有必要采用劲性混凝土构件。当钢骨含钢率太高时，钢骨与混凝土不能有效地共同工作，混凝土的作用不能完全发挥，且混凝土浇筑施工有困难。一般说来，较为合理的含钢率为5%~8%。

其次，钢骨的宽厚比。钢板的厚度不宜小于6mm，一般为翼缘板20mm以上，腹板16mm以上，但不宜过厚，因为厚度较大的钢板在轧制过程中存在向异性，在焊缝附近常形成约束，焊接时容易引起层状撕裂，焊接质量不易保证。钢骨的宽厚比应满足规范的要求。

再次，钢骨的混凝土保护层厚度。根据规范规定，对钢骨柱、混凝土最小保护层厚度不宜小于120mm，对钢骨梁则不宜小于100mm。

最后，要重视劲性混凝土柱与钢筋混凝土梁在构造连接上的配合协调问题。

（三）钢骨的制作与相关构造措施

钢骨的制作必须采用机械加工，并宜由钢结构制作厂家承担。施工中应确保施工现场型钢柱拼接和梁柱节点连接的焊接质量。型钢钢板的制孔应采用工厂车床制孔，严禁现场用氧气切割开孔。在钢骨制作完成后，建设单位不可随意变更，以免引起孔位改变造成施工困难。

劲性混凝土与钢筋混凝土结构的显著区别之一是型钢与混凝土的黏结力远远小于钢筋与混凝土的黏结力。根据国内外的试验，大约只相当于光面钢筋黏结力的45%。因此，在钢筋混凝土结构中，通常认为钢筋与混凝土是共同工作的，直至构件被破坏。而在劲性混凝土中，由于黏结滑移的存在，将影响到构件的破坏形态、计算假定、构件承载能力及刚度、裂缝。通常可用两种方法解决：

一种方法是在构件上另设剪切连接件（栓钉），并通过计算确定其数量，即滑移面上的剪力全由剪切连接件承担。这被称为完全剪力连接。这样可以认为型钢与混凝土共同工作。

另一种方法是在计算中考虑黏结滑移对承载力的影响。同时在型钢的一定部位，如柱脚及柱脚向上一层范围内、与框架梁连接的牛腿的上下翼缘处、结构过渡层范围内的钢骨翼缘处，加设抗剪栓钉作为构造要求。

钢骨柱的长度应根据钢材的生产和运输长度限制及建筑物层高综合考虑，一般每三层为一根，其工地拼接接头宜设于框架梁顶面以上 1～3 米处。钢骨柱的工地拼接一般有三种形式：全焊接连接；全螺栓连接；栓、焊混合连接。设计施工中多采用第二种形式，即钢骨柱翼缘采用全熔透的剖口对接焊缝连接，腹板采用摩擦型高强度螺栓连接。

框架梁、柱节点核心区是结构受力的关键部位，设计时应保证传力明确，安全可靠，施工方便。节点核心区不允许有过大的变形。

二、钢管混凝土

钢管混凝土虽由两种材料组合而成，但对构件业而言，它被视为一种新材料，即所谓的"组合材料"（不再区分钢管和混凝土）。

外包钢管对核心混凝土的约束作用使混凝土处于三向受压应力状态，延缓了混凝土的纵向开裂，而混凝土的存在也避免或延缓了薄壁钢管的过早局部屈曲，所以这种组合结构具有较高的承载能力。同时，该组合材料具有良好的塑性和韧性，因而抗震性能好。

火灾作用下，由于钢管和核心混凝土之间相互作用、协同互补，使钢管混凝土具有良好的耐火性能。首先，由于核心混凝土的存在，使钢管升温滞后。火灾情况下，外包钢皮的热量充分被核心混凝土吸收，使其温度升高的幅度大大低于纯钢结构，可有效地提高钢管混凝土构件的耐火极限和防火水平。其次，当温度升高时，由于钢管和核心混凝土之间变形的不一致，二者之间亦会存在相互作用，从而使它们处于复杂应力状态，且随着温度连续变化，这种相互作用的变化也是连续的，使钢管混凝土构件的耐火性能大大优于钢材和混凝土二者的叠加。在火灾后，外界温度降低时，钢管混凝土结构已屈服截面处钢管的强度可以不同程度地恢复，截面的力学性能比高温下有所改善，结构的整体性比火灾中也有提高，可以为结构加固补强提供方便。这和火灾后钢筋混凝土结构与钢结构都有所不同，对于钢筋混凝土，其截面力学性能和整体性不会因温度的降低而恢复，而钢结构的失稳和扭曲的构件在常温下也不会有更多的安全性。

另外，高强度混凝土的弱点——脆性大、延性差，可以依靠钢管混凝土来得到较好的克服。将高强度混凝土灌入钢管，由于受到钢管的有效约束，其延性将大为增强。此外，在复杂受力状态下，钢管具有很大的抗剪和抗扭能力。这样，通过二者的组合，可以有效地克服高强度混凝土脆性大、延性差的弱点，使高强度混凝土的工程应用得以实现，经济效益得以充分发挥。

大量实例证明，与普通强度混凝土的钢管混凝土和钢柱相比，高强度钢管混凝土可节约钢材50%左右，降低造价；和钢筋混凝土柱相比，不需要模板，且可节约混凝土50%以上，减轻结构自重50%以上，而耗钢量和造价略多或约相等。

采用在钢管内填充高强度混凝土而形成的钢管混凝土，除了具备钢管普通强度混凝土的其他优点，至少可节约混凝土60%以上，减轻结构自重60%以上。

除了钢材与混凝土，常用的结构材料还有木材、砌体材料与结构铝合金材料。木材在我国有较大范围的应用，但我国是一个森林极度匮乏的国家，使用木材作为结构材料是不经济的，也不利于环境的保护。砌体材料主要是砖、砌块、石材等，砌体材料属于脆性材料，形成的砌体结构也属于脆性结构，同时砌体结构施工劳动量大、强度高，已经在逐步地被淘汰。结构铝合金材料的使用方兴未艾，铝合金以其自重轻、强度高等特点，随着科学技术的发展正逐步应用于大跨度结构上。

第五节　木材与砌体

一、木材

木材是最古老的天然结构材料，可在林区就地取材，制作简单。但受自然条件所限，木材生长缓慢。我国木材产量太少，供应奇缺，远不能满足建设需要，故应特别注意节约，不宜作为结构材料大量采用。

木材质轻，其强度虽不及钢材，但抗拉、抗压强度都相当高，比混凝土完备；强度比砖、石、混凝土等脆性材料高很多。然而，一些天然缺陷却成为其致命弱点：节疤、裂缝、翘曲及斜纹等天然疵病不可避免，且直接影响木材强度，影响程度取决于缺陷的大小、数量及所在部位。根据木材缺陷多少的实际情况，国家有关技术规范将承重结构木材分成三个等级。近年来，国外采用的胶合叠层木料已将木材缺陷减少到极低限度。该种木料的制作方法是把经过严格选择并加工成厚度≤5cm的整齐薄板，分层叠合成所需截面形状，用合成树脂胶可靠黏合成整体。该种木料可用作梁、拱等构件。

木材的纤维状组织使其成为典型的各向异性材料，其强度与变形随受力方向而变。除受剪强度外，顺纹强度都远大于横纹强度。比如，顺纹受压强度约为横纹受压强度的10倍，而顺纹抗剪比横纹抗剪值小得多。故木材宜顺纹抗拉压，而不宜顺纹抗剪。胶合板是把各层木纹方向正交的薄木片靠塑胶加压黏合起来，以补救各向异性的缺点，从而获得具有各向异性相当均匀的强度。

木材力学性能的另一大缺点是其弹性模量与其强度不相适应，强度高而抗变形能力低；虽然其变形大，但比铝合金好。故木梁多受挠度控制，在破坏前有显著变形。要发挥其抗拉强度潜力，最好用作轻载的长跨梁，且将其截面做成竖立薄板状。

木材的强度与弹性模量和时间有关，在持久荷载下它们都会降低。同时也与木材含水量增大有关。所以，一般老木结构房屋的木屋盖，其屋面常呈现出肉眼能看出来的波浪起伏状态。有的底层木地板梁的挠度也相当严重。由此可见，木结构的防潮、通风极其重要。

木材受含水量的影响极大，不仅影响强度，也是造成裂缝与翘曲的主要原因，更是给危害木材的木腐菌与白蚁提供了生存与繁殖的温床。因此，在制材前，要自然晾干或人工烘干，使木材脱水干燥。干燥后的木材还会从空气中吸收水分，因此木结构还必须辅以可靠的防潮措施，使其处于良好的通风、干燥环境中。

木材强度的影响因素主要有：含水率、环境温度、负荷时间、表观密度、疵病等。木材作为土木工程材料，缺点还有易腐朽、虫蛀和燃烧。这些缺点大大地缩短了木材的使用寿命，并限制了它的应用范围。采取措施来提高木材的耐久性，对木材的合理使用具有十分重要的意义。

木材的木料可分为针叶树和阔叶树两大类。大部分针叶树理直、木质较软、易加工、变形小，建筑上广泛用作承重构件和装修材料，如杉树、松树等。大部分阔叶树质密、木质较硬、加工较难、易翘裂、纹理美观，适用于室内装修，如水曲柳、核桃木等。

二、砌体

(一)砌体材料及其基本特征

砌体材料主要是砖、砌块、石材等。

砖是指砌筑用的人造小型块材，外形多为直角六面体，其长度不超过365毫米，宽度不超过240毫米，高度不超过115毫米。此外，也有各种异形。

常用砖有烧结普通砖、蒸压灰砂砖、烧结空心砖等。

凡通过焙烧而得的普通砖，称为烧结普通砖，又称为黏土砖。黏土砖的烧制需耗用大量农田，且生产中会释放氟、硫等有害气体，能耗高，需限制生产并将之逐步淘汰。不少城市已经禁止使用。

蒸压灰砂砖是以石灰和砂为主要原料，允许掺入颜料和添加剂，经坯料制备、压机成型、蒸压养护而成的。灰砂砖不得用于长期受热20Y以上、受急冷急热和有酸性介质侵蚀的建筑部位。

烧结空心砖是以黏土、页岩或煤砰石为主要原料经焙烧而成的顶面有孔洞的砖(孔的尺寸大而数量少，其孔洞率一般可达15%以上)，用于非承重部位。

石材是最古老的土木工程材料之一，藏量丰富、分布很广，便于就地取材，坚固耐用，广泛用于砌墙和造桥。世界上许多古建筑都是由石材砌筑而成的，不少古石建筑至今仍保存完好。例如，属全国重点保护文物的赵州桥、广州圣心教堂等都是以石材砌筑而成。但天然石材加工困难、自重大，开采和运输不够方便。

砌体材料依靠黏结材料的作用形成整体受力体系，黏结材料主要是砂浆、水泥砂浆或水泥石灰混合砂浆。因此，砌块质量、砂浆质量与砌筑的工艺质量是影响砌体强度的主要因素。与混凝土相比，砌体结构的离散性更大，整体性更差。

(二) 砌体构件的破坏过程

对砌体构件进行压力试验,可以发现该构件的破坏过程。

当压力处于较小的阶段时,砌体结构整体没有变化,只是在局部的砖出现竖向裂缝,但不会形成多皮砖的贯通,从整体来看,仍处于安全状态。此时荷载大约为破坏荷载的 50% ~ 70%。同时试验证明,裂缝的出现与砂浆强度的关联度很大。

继续增加荷载,裂缝会扩展,逐渐形成小区域的多皮砖的贯通性裂缝,此时为破坏荷载的 80% ~ 90%。停止加荷,裂缝有缓慢地继续开展的迹象,说明构件已经处于危险状态,在长期荷载作用下将被破坏。

此时,荷载再略有增加,裂缝会迅速扩展,并上下全部贯穿,将砌体分为若干个独立受压柱,进而失稳,彻底被破坏。

(三) 砌体材料的选用

第一,结构采用砌体材料,应因地制宜、就地取材,尽量选用当地性能良好的块体和砂浆材料。材料应具有较好的耐久性,即长期使用过程中,仍具有足够的承载力和正常使用的性能,一般经过质量检验的块体,具有良好的耐久性。

第二,结构采用砌体材料,应区别对待,便于施工。例如,多层砌体房屋的上部几层受力较小,可选用强度等级较低的材料,下部几层则应采用强度较高的材料。一般以分别采用不同强度等级的砂浆较为可行,但变化也不应过多,以免施工时疏忽造成差错。

第三,应考虑建筑物的使用性质和所处的环境因素。比如,地面以上和地面以下墙体的周围环境截然不同。地表以下,地基土含水量大,含有各种化学成分,基础墙体一旦损坏则难以修复。从长期使用的要求出发,应该采用耐久性较好和化学稳定性较强的材料,同时要采取措施,隔断地下潮湿环境对上部墙体的影响(如设置防潮层)。

另外,砌体的有关规范规定,五层或五层以上房屋的墙以及受震动或层高大于 6 米的墙、柱所用材料的最低强度等级要求为:砖 MU10,砌块 MU7.5,石材 MU30,砂浆 MU5。

(四) 砌体材料的应用

砌体材料多数仅作为墙体材料，以发挥其承压能力较强的特点。其与木结构或钢筋混凝土等结构形成的水平跨度体系共同形成房屋结构，但也有直接使用砌体材料形成跨度结构的建筑物与构筑物，所利用的是"拱"的原理，如我国古代的赵州桥以及西方古时候的教堂建筑。

第三章 建筑结构抗震设计

第一节 建筑结构的地震作用及抗震验算

一、概述

结构的地震作用计算和抗震验算是建筑抗震设计的重要内容，是确定所设计的结构满足最低抗震设防要求的关键步骤。地震时由于地面运动使原来处于静止的结构受到动力作用，产生强迫震动。我们将地震时由于地面加速度在结构上产生的惯性力，称为结构的地震作用。

地震作用下，在结构中产生的内力、变形和位移等称为结构的地震反应，或称为结构的地震作用效应。在进行结构抗震设计的过程中，结构方案确定后，首先要计算的是地震作用，由此求出结构和构件的地震作用效应，再将地震作用效应与其他荷载效应进行组合，验算结构和构件的抗震承载力与变形，以满足"小震不坏、中震可修、大震不倒"的设计要求。

计算地震作用的方法可分为静力法、反应谱方法(拟静力法)和时程分析法。目前，在我国和其他许多国家的抗震设计规范中，广泛采用反应谱理论来确定地震作用，其中以加速度反应谱应用最多。所谓加速度反应谱，就是单质点弹性体系在一定的地面运动作用下，最大反应加速度(一般用相对值)与体系自振周期的变化曲线。如果已知体系的自振周期，利用反应谱曲线和相应计算公式，就可以很方便地确定体系的反应加速度，进而求出地震作用。应用反应谱理论不仅可以解决单质点体系的地震反应计算问题，而且通过振型分解法还可以计算多质点体系的地震反应。

我国《建筑结构抗震设计规范》要求，在设计阶段采用反应谱方法计算地震作用。对于高层建筑和特别不规则建筑等，还需要采用时程分析法进行补充计算。

二、单自由度弹性体系的水平地震作用

地震作用与一般荷载不同，它不仅与地面加速度的大小、持续时间及强度有关，而且与结构的动力特性，如结构的自振频率、阻尼等有密切的关系。而一般荷载与结构的动力特性无关，可以独立确定。由于地震时地面运动是一种随机过程，运动极不规则，且工程结构物一般是由各种构件组成的空间体系，其动力特性十分复杂，所以确定地震作用要比确定一般荷载复杂得多。

作为地震作用的惯性力，是由结构变位引起的，而结构变位本身又受这些惯性力的影响。为了描述这种因果之间的封闭循环关系，需借助于结构体系的运动微分方程，将惯性力表示为结构变位的时间导数。

(一) 单质点弹性体系的水平地震反应

所谓单质点弹性体系，是指可以将结构参与振动的全部质量集中于一点，用无质量的弹性直杆支承于地面上的体系。例如，水塔、单层房屋等，由于它们的质量大部分集中于结构的顶部，所以通常将这些结构都简化成单质点体系。

地震时，地面运动有 3 个分量，即 2 个水平分量和 1 个竖向分量。一个单质点弹性体系在单一水平地震作用下，可以作为一个单自由度弹性体系来分析。为了研究单质点弹性体系的地震反应，应首先建立该体系在地震作用下的运动方程。

1. 运动方程的建立

图 3-1 为单自由度弹性体系在地震时地面水平运动分量作用下的运动状态。其中 x_g 表示地面水平位移，是时间 (t) 的函数，它的变化规律可由地震时地面运动实测记录求得 x（z）表示质点相对于地面的相对弹性水平位移或相对水平位移反应，它也是时间 t 的函数，是待求的未知量。

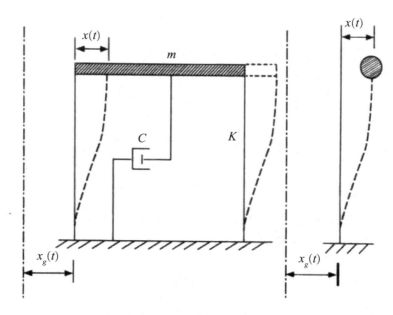

图3-1 单自由度弹性体系在水平地震作用下的变形

为了建立体系在地震作用下的运动方程，取质点 m 为隔离体，由结构动力学可知，该质点上作用有3种随时间变化的力，即惯性力 $I(t)$、阻尼力 $R(t)$ 和弹性恢复力 $S(t)$。

惯性力 $I(t)$ 是质点的质量 m 与绝对加速度 (Tex translation failed) 的乘积，但方向与质点运动加速度方向相反，即

$$I(t) = -m\left[\ddot{x}_g(t) + \ddot{x}(t)\right] \tag{3-1}$$

式中： m —— 质点的质量；

$\ddot{x}(t)$ —— 质点相对于地面的加速度。

$\ddot{x}_g(t)$ —— 地面运动加速度。

阻尼力 $R(t)$ 是使体系振动不断衰减的力。它来自外部介质阻力、构件和支座部分连接处的摩擦和材料的非弹性变形，以及通过地基变形的能量耗散等。在工程中，一般采用黏滞阻尼理论来确定阻尼力，即假定阻尼力的大小与质点相对于地面的速度成正比，但方向与质点相对速度方向相反，即

$$R(t) = -c\dot{x}(t) \tag{3-2}$$

式中：c——阻尼系数；

$\dot{x}(t)$——质点相对于地面的速度。

弹性恢复力 $S(t)$ 是使质点从振动位置恢复到原来平衡位置的一种力。其大小与质点相对于地面的位移 $x(t)$ 和体系的抗侧移刚度成正比，方向与质点的位移方向相反，即

$$S(t) = -Kx(t) \tag{3-3}$$

式中：K——体系的抗侧移刚度，即质点产生单位水平位移时在质点处所施加的力。

根据达伦倍尔（D'Alembert）原理，质点在上述 3 个力作用下处于平衡，则单自由度弹性体系的运动方程可以表示为：

$$I(t) + R(t) + S(t) = 0$$

即

$$m\ddot{x}(t) + c\dot{x}(t) + Kx(t) = -m\ddot{x}_g(t) \tag{3-4}$$

式（3-4）即为单自由度弹性体系的运动方程，是一个常系数二阶非齐次线性微分方程。为便于方程的求解，将式（3-4）两边同除以 m，得

$$\ddot{x}(t) + \frac{c}{m}\dot{x}(t) + \frac{K}{m}x(t) = -\ddot{x}_k(t) \tag{3-5}$$

令

$$\omega = \sqrt{\frac{K}{m}}, \quad \zeta = \frac{c}{2\omega m} \tag{3-6}$$

则式（3-5）可写成：

$$\ddot{x}(t) + 2\omega\zeta\dot{x}(t) + \omega^2 x(t) = -\ddot{x}_g(t) \tag{3-7}$$

式中：ζ——体系的阻尼比，一般结构工程的阻尼比在 0.01 ~ 0.20 之间；

ω——无阻尼单自由度弹性体系的圆频率，即 2π 秒时间内体系的振动次数。

式（3-7）就是所要建立的单质点弹性体系在地震作用下的运动微分

方程。

2. 运动方程的解

式（3-7）是一个二阶常系数线性非齐次微分方程，它的解包含两部分：一部分是对应于齐次微分方程的通解；另一部分是微分方程的特解。前者代表体系的自由振动，后者代表体系在地震作用下的强迫振动。

（1）齐次微分方程的通解

对应方程（3-7）的齐次方程为：

$$x(t) + 2\omega\zeta\dot{x}(t) + \omega^2 x(t) = 0 \tag{3-8}$$

根据微分方程理论，齐次方程（3-8）的通解为

$$x(t) = \mathrm{e}^{-\xi\omega t}\left(A\cos\omega' t + B\sin\omega' t\right) \tag{3-9}$$

式中：ω'——有阻尼单自由度弹性体系的圆频率，它与无阻尼弹性体系的圆频率有以下关系

$$\omega' = \sqrt{1-\zeta^2}\,\omega \tag{3-10}$$

当阻尼比 $\zeta = 0.05$ 时，$\omega' = 0.9987\omega \approx \omega$

A、B——常数，其值可按问题的初始条件来确定。

考虑初始条件，当 $t = 0$ 时，

$$x(t) = x(0), \dot{x}(t) = \dot{x}(0)$$

其中，$x(0)$ 和 $\dot{x}(0)$ 分别为初始位移和初始速度，将其代入式（3-9），得
$A = x(0)$

再将式（3-9）对时间 t 求一阶导数，并将 $t = 0$ 和 $\dot{x}(t) = \dot{x}(0)$ 代入，得

$$B = \frac{\dot{x}(0) + \zeta\omega x(0)}{\omega}$$

将所得的 A、B 值代入式（3-9），得到体系自由振动位移方程为：

$$x(t) = \mathrm{e}^{-\zeta\omega t}\left[x(0)\cos\omega' t + \frac{\dot{x}(0) + \zeta\omega x(0)}{\omega}\sin\omega' t\right] \tag{3-11}$$

式（3-11）就是方程（3-8）在给定初始条件时的解答。

无阻尼时（$\zeta = 0$），有：

$$x(t) = \left[x(0)\cos\omega t + \frac{\dot{x}(0)}{\omega}\sin\omega t \right] \tag{3-12}$$

由式（3-12）可以看出，无阻尼单自由度体系的自由振动为简谐周期振动，振动圆频率为 ω。振动周期 T 为：

$$T = \frac{2\pi}{\omega} = 2\pi\sqrt{\frac{m}{K}} \tag{3-13}$$

在结构抗震计算中，常用到结构自振周期 T。它是体系振动一次所需要的时间，单位为秒（s）。自振周期 T 的倒数为体系的自振频率 f，即体系在每秒内的振动次数，单位为 "1/s" 或称为赫兹（Hz）。

$$f = \frac{1}{T} = \frac{\omega}{2\pi} = \frac{1}{2\pi}\sqrt{\frac{K}{m}} \tag{3-14}$$

由于质量 m 和刚度 K 是结构固有的，因此无阻尼体系自振频率或周期也是体系固有的，称为固有频率或固有周期。对于有阻尼单自由度体系的自振频率，由于结构的阻尼比 ζ 很小，通常可以近似取 $\omega' = \omega$。也就是说，在计算该体系的自振周期或频率时，可以不考虑阻尼的影响，从而简化了计算。

由式（3-11）可以看出，有阻尼单自由度弹性体系在自由振动时的位移曲线是一条逐渐衰减的振动曲线。其振幅 $x(t)$ 随时间的增加而减小，阻尼比 ζ 越大，振幅的衰减也越快。将不同的阻尼比代入式（3-11），体系的振动有以下 3 种情况：

①若 $\zeta < 1$，则 $\omega' = \omega > 0$，则体系产生振动，称为欠阻尼状态。

②若 $\zeta = 1$，则 $\omega' = \omega = 0$，则体系不产生振动，此时 $\zeta = \frac{c}{2m\omega} = \frac{c}{c_r} = 1$，

$c_r = 2m\omega$，ζ 称为临界阻尼比。

③若 $\zeta > 1$，则 $\omega' = \omega < 0$，则体系也不产生振动，称为过阻尼状态。

结构的临界阻尼比 ζ 的值可以通过结构的振动试验确定。

(2) 地震作用下运动方程的特解

求运动方程 (Tex translation failed) 的特解时，可将地面运动加速度时程曲线看作由无穷多个连续作用的微分脉冲组成的。体系在微分脉冲作用下只产生自由振动，只要把这无穷多个脉冲作用后产生的自由振动叠加起来即可

求得运动微分方程的解 $x(t)$。

$$x(t) = \int_0^t \mathrm{d}x(t) = -\frac{1}{\omega}\int_0^t x_{\mathrm{g}}(\tau)\mathrm{e}^{-\xi_0(t-\tau)}\sin\omega'(t-\tau)\mathrm{d}\tau \tag{3-15}$$

式（3-15）就是非齐次线性微分方程（3-7）的特解，通常称作杜哈梅（Duhamel）积分。它与齐次微分方程（3-8）的通解（3-11）之和就是微分方程（3-7）的全解。但是，由于结构阻尼的作用，自由振动很快就会衰减，在地震发生前体系的初始位移 $x(0)$ 和初始速度 $\dot{x}(0)$ 均等于零。因此，公式（3-11）的影响通常忽略不计。

3. 地震反应

式（3-15）是单自由度弹性体系在水平地震作用下相对于地面的位移反应。对式（3-15）对时间求导数，可以得到单自由度弹性体系在水平地震作用下，相对于地面的速度反应 $\dot{x}(t)$；单自由度弹性体系在水平地震作用下的绝对加速度为 (Tex translation failed)，经过积分并简化处理，可以得到单自由度弹性体系在地震作用下的最大位移反应 S_{d}、最大速度反应 S_v 和最大绝对加速度反应 S_{a}。即

$$S_{\mathrm{d}} = |x(t)|_{\max} = \left|\frac{1}{\omega}\int_0^t x_{\mathrm{g}}(\tau)\mathrm{e}^{-\tau_\omega(t-\tau)}\sin\omega(t-\tau)\mathrm{d}\tau\right|_{\max} \tag{3-16}$$

$$S_{\mathrm{v}} = |\dot{x}(t)|_{\max} = \left|\int_0^t x_{\mathrm{g}}(\tau)\mathrm{e}^{-\xi_0(t-\tau)}\cos\omega(t-\tau)\mathrm{d}\tau\right|_{\max} \tag{3-17}$$

$$S_{\mathrm{a}} = \left|\ddot{x}(t)+\ddot{x}_{\mathrm{g}}(t)\right|_{\max} = \omega\left|\int_0^t x_{\mathrm{g}}(\tau)\mathrm{e}^{-\zeta_\omega(t-\tau)}\sin\omega(t-\tau)\mathrm{d}\tau\right|_{\max} \tag{3-18}$$

（二）单自由度弹性体系的水平地震作用

1. 水平地震作用基本公式

对于单自由度弹性体系，通常把惯性力看作一种反映地震对结构体系影响的等效力，即水平地震作用

$$F(t) = -m\left[\ddot{x}(t)+\ddot{x}_{\mathrm{g}}(t)\right] \tag{3-19}$$

对于结构设计来说，重要的是结构的最大地震作用，即

$$F = \left| F(t) \right|_{max} = -m \left| \ddot{x}(t) + \ddot{x}_g(t) \right|_{max} = mS_a = mg \frac{S_a}{\left| \ddot{x}_g(t) \right|_{max}} \frac{\left| \ddot{x}_g(t) \right|_{max}}{g} \qquad (3\text{-}20)$$

式中：F ——水平地震作用标准值；

G ——集中于质点处的重力荷载代表值；

g ——重力加速度，g=9，8 m/s^2；

β ——动力系数，它是单自由度弹性体系的绝对加速度反应与地面运动最大加速度的比值，即

$$\beta = \frac{S_a}{\left| \ddot{x}_g(t) \right|_{max}} \qquad (3\text{-}21)$$

k ——地震系数，它是地面运动加速度与重力加速度的比值，即

$$k = \frac{\left| \ddot{x}_g(t) \right|_{max}}{g} \qquad (3\text{-}22)$$

α ——水平地震影响系数，即

$$\alpha = \beta k \qquad (3\text{-}23)$$

2. 重力荷载代表值的确定

在计算结构的水平地震作用标准值和竖向地震作用标准值时，都要用到集中在质点处的重力荷载代表值 G。《建筑抗震设计规范》规定，结构的重力荷载代表值应取结构和构配件自重标准值 G_k 加上各可变荷载组合值，即

$$G = G_k + \sum_{i=1}^{n} \psi_{Qi} Q_{ik} \qquad (3\text{-}24)$$

式中：Q_{ik} ——第 i 个可变荷载标准值；

ψ_{Qi} ——第 i 个可变荷载的组合值系数。

（三）设计反应谱

1. 反应谱

从式（3-16）、式（3-17）和式（3-18）中可以看出，在选定地面运动加速度时程曲线（Tex translation failed）和阻尼比时，最大位移反应 S_d、最大速度反应 S_v 和最大绝对加速度反应 S_a 仅仅是体系的圆频率 ω 即自振周期 T 的函数。如果以体系自振周期 T 为横坐标，最大绝对加速度反应 S_a 为纵坐标，可以绘出一条曲线，称为加速度反应谱。因此，所谓的反应谱是指单自由度弹性体系在给定的地震作用下，体系的某个最大反应量（如最大位移反应 S_d、最大速度反应 S_v、最大绝对加速度反应 S_a 等）与体系自振周期 T 的关系曲线。

反应谱曲线的形状还取决于建筑场地类别、震级和震中距等因素。

2. 设计反应谱

地震是随机的，即使在同一地点、相同的地震烈度，前后两次地震记录到的地面运动加速度时程曲线也有很大差别。在进行工程结构设计时，无法预知该建筑物将会遭遇到怎样的地震，因此无法确定相应的地震反应谱。因此，必须按场地类别、近震和远震，分别绘出反应谱曲线，然后根据统计分析，从大量的反应谱曲线中找出每种场地和近、远震有代表性的平均反应谱曲线，作为设计用的标准反应谱曲线。这种反应谱称为抗震设计反应谱。

（1）水平地震影响系数最大值 α_{max} 的确定

由式（3-23）得知，水平地震影响系数 α 是地震系数 k 和动力系数 β 的乘积。地震系数 k 反映场地基本烈度的大小，基本烈度越高，地震系数 k 值越大，而与结构性能无关。

当基本烈度确定后，地震系数 k 为常数，水平地震影响系数 a 的值仅随动力系数的值而变化。通过大量的分析计算，我国《建筑抗震设计规范》（GB 50011—2010）将最大动力系数 β_{max} 取为2.25。所以，水平地震影响系数最大值 $\alpha_{max} = \beta_{max}k = 2.25k$，这是与基本烈度对应的水平地震影响系数最大值 α_{max}。

目前，我国建筑抗震采用的是两阶段设计法。第一阶段进行结构强度与弹性变形验算时采用多遇地震烈度，其地震系数 k 值相当于基本烈度所对应 & 值的 1/3。第二阶段进行结构弹塑性变形验算时采用罕遇地震烈度，其地震系数 k 值相当于基本烈度所对应 A 值的 1.5～2 倍 (烈度越高，k 值越小)。

(2) 阻尼比对地震影响系数的影响

建筑结构地震影响系数应符合下列要求

第一，除有专门规定外，建筑结构的阻尼比应取 0.05，地震影响系数曲线的阻尼调整系数应按 1.0 采用，形状参数应符合下列规定：

①直线上升段，周期小于 0.1 s 的区段。

②水平段，自 0.1 s 至特征周期区段，应取最大值 α_{max}。

③曲线下降段，自特征周期至 5 倍特征周期区段，衰减指数应取 0.9。

④直线下降段，自 5 倍特征周期至 6 s 区段，下降斜率调整系数应取 0.02。

第二，当建筑结构的阻尼比按有关规定不等于 0.05 时，地震影响系数曲线的阻尼调整系数和形状参数应符合下列规定

①曲线下降段的衰减指数应按下式确定：

$$\gamma = 0.9 + \frac{0.05 - \zeta}{0.3 + 6\zeta} \tag{3-25}$$

②直线下降段的下降斜率调整系数应按下式确定：

$$\eta_1 = 0.02 + \frac{(0.05 - \zeta)}{4 + 32\zeta} \tag{3-26}$$

当 η_1 小于 0 时取 0。

③阻尼调整系数应按下式确定：

$$\eta_2 = 1 + \frac{0.05 - \zeta}{0.08 + 1.6\zeta} \tag{3-27}$$

当 η_2 小于 0.55 时，应取 0.55。

三、多自由度弹性体系的水平地震作用

(一)多质点弹性体系的水平地震反应

1.运动微分方程的建立

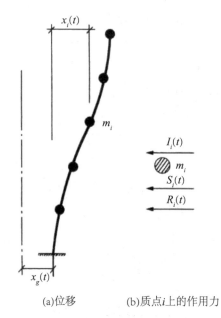

(a)位移   (b)质点i上的作用力

图3-2 多质点弹性体系变形

在单向水平地震作用下,忽略扭转的影响,此时 n 个质点的结构体系有 n 个自由度。图3-2为多自由度弹性体系在水平地震作用下的位移情况。图中 $x_g(t)$ 为地震时地面运动的水平位移; $x_i(t)$ 表示 i 质点相对于地面的相对弹性水平位移。这时,作用在图3-2中质点 i 上的力有

惯性力

$$I_i(t) = -m_i \left[\ddot{x}_i(t) + \ddot{x}_g(t) \right] \tag{3-28}$$

弹性恢复力

$$S_i(t) = -\left[K_{i1}x_1(t) + K_{i2}x_2(t) + \cdots + K_{iu}x_i(t) + \cdots + K_{in}x_n(t) \right]$$
$$= -\sum_{k=1}^{n} K_{ik}x_k(t) \tag{3-29}$$

阻尼力

$$R_i(t) = -\left[C_{i1}\dot{x}_1(t) + C_{i2}\dot{x}_2(t) + \cdots + C_{ii}\dot{x}_i(t) + \cdots + C_{in}\dot{x}_n(t)\right]$$
$$= -\sum_{k=1}^{n} C_{ik}\dot{x}_k(t)$$

(3-30)

式中：$I_i(t)$、$S_i(t)$、$R_i(t)$——分别为作用于质点 i 上的惯性力、弹性恢复力和阻尼力；

K_{ik}——质点 k 处产生单位侧移，其他质点保持不动，在质点 i 处引起的弹性反力；

C_{ik}——质点 k 处产生单位速度，其他质点保持不动，在质点 i 处产生的阻尼力；

m_i——集中在质点 i 上的集中质量；

$x_i(t)$、$\dot{x}_i(t)$、(Tex translation failed)——分别为质点 i 的相对侧移、相对速度和相对加速度。

根据达朗倍尔（D'Alembert）原理，质点 i 在上述 3 个力作用下处于平衡，即

$$I_i(t) + R_i(t) + S_i(t) = 0$$

(3-31)

将式 (3-28)，(3-29)，(3-30) 代入式 (3-31)，则有

$$m_i\,x_i(t) + \sum_{k=1}^{n} C_{ik}\dot{x}_k(t) + \sum_{k=1}^{n} K_{ik}x_k(t) = -m_i\,x_g(t)$$

(3-32)

对于 n 质点的弹性体系，有 n 个类似于式 (3-32) 的方程，这 n 个方程的矩阵表达式为

$$[M]\{x(t)\} + [C]\{\dot{x}(t)\} + [K]\{x(t)\} = -[M]\{I\}x_g(t)$$

(3-33)

式中：$[M]$——质量矩阵，是一个对角矩阵；

$[K]$——刚度矩阵，即除主对角线和两个副对角线外，其余元素均为零；

$[C]$——阻尼矩阵。

2. 多自由度弹性体系的自由振动

(1) 主振型

将式 (3-33) 中的阻尼项和右端项略去，即可得到无阻尼多自由度弹性体系的自由振动方程

$$[M]\{\ddot{x}(t)\} + [K]\{x(t)\} = 0 \tag{3-34}$$

设方程的解为

$$\{x(t)\} = \{X\}\sin(\omega t + \varphi) \tag{3-35}$$

式中：$\{X\}$ —— 体系的振动幅值向量；

φ —— 初相角。

将式 (3-35) 代入式 (3-34)，得

$$\left([K] - \omega^2[M]\right)\{X\} = 0 \tag{3-36}$$

式 (3-36) 是体系的振动幅值 $\{X\}$ 的齐次方程，称为特征方程。为了得到 $\{X\}$ 的非零解，系数行列式必须等于零，即

$$\left|[K] - \omega^2[M]\right| = 0 \tag{3-37}$$

将行列式展开，可得到一个关于频率参数 ω^2 的 n 次代数方程。求出这个方程的 n 个根（特征值）ω_1^2、ω_2^2、$\cdots$、ω_n^2，即可得出体系的 n 个自振频率。由 n 个 ω 值可以求得 n 个自振周期 T，将 n 个自振周期 T 由大到小的顺序进行排列：

$$T_1 > T_2 > \cdots > T_j \cdots > T_n$$

其中最大的周期 T_1 称为第一周期或基本周期，与 T_1 对应的最小频率 ω_1 称为第一频率或基本频率。

将求得的 ω_i 依次回代到方程 (3-37)，可以求得对应于每一频率值时体系各质点的相对振幅 $\{X\}_j$，用这些相对振幅值绘制的体系各质点的侧移曲线就是对应于该频率的主振型，简称振型。其中与基本周期 T_1 对应的第一振型称为基本振型，其他各振型统称为高振型。

(2) 主振型的正交性

多自由度弹性体系做自由振动时，任意两个不同频率的主振型间都存

在正交性。利用振型的正交性原理可以大大简化多自由度弹性体系运动微分方程的求解。

①振型关于质量矩阵的正交性

其矩阵表达式为

$$\{X\}_j^T[M]\{X\}_k = 0 \quad (j \neq k) \tag{3-38}$$

它说明：某一振型在振动过程中所引起的惯性力不在其他振型上做功，体系按某一振型做自由振动时不会激起该体系其他振型的振动。

②振型关于刚度矩阵的正交性

其矩阵表达式为

$$\{X\}_j^T[K]\{X\}_k = 0 \quad (j \neq k) \tag{3-39}$$

它说明：体系按 k 振型振动引起的弹性恢复力在振型位移所做的功之和等于零，也即体系按某一振型振动时，它的位移不会转移到其他振型上去。

③振型关于阻尼矩阵的正交性

其矩阵表达式为：

$$\{X\}_j^T[C]\{X\}_k = 0 \quad (j \neq k) \tag{3-40}$$

3. 运动微分方程的解

多自由度弹性体系在单向水平地震作用下的运动方程为一相互耦联的微分方程组，要利用振型分解法来求解。振型分解法就是利用各振型相互正交的特性，将原来耦联的微分方程组变为若干互相独立的微分方程，从而使原来多自由度体系的动力计算变为若干个单自由度体系的计算，在求得了各单自由度体系的解后，再将各个解进行组合，从而可求得多自由度体系的地震反应。

根据振型叠加原理，弹性结构体系中任一质点在振动过程中的侧移 $x_i(t)$ 可以表示为：

$$x_i(t) = \sum_{j=1}^n X_{ji} q_j(t) \tag{3-41}$$

式中，$q_j(t)$ 为 j 振型的广义坐标，是时间 t 的函数。整个体系的位移列向量、速度列向量和加速度列向量都可以按振型分解用 $q_j(t)$ 表达。

将位移列向量、速度列向量和加速度列向量的振型分解表达式，代入多自由度弹性体系有阻尼运动方程 (3-32)，并利用振型的正交性对方程进行简化，展开后可得 n 个独立的二阶微分方程，对于第 j 振型可写为

$$\{X\}_j^T[M]\{X\}_j q_j(t) + \{X\}_j^T[C]\{X\}_j \dot{q}_j(t) + \{X\}_j^T[K]\{X\}_j q_j(t)$$
$$= -\{X\}_j^T[M]\{I\} x_g(t) \tag{3-42}$$

再引入广义质量 M_j^*、广义刚度 K_j^*；和广义阻尼 C_j^* 的符号，得

$$M_j^* q_j(t) + C_j^* \dot{q}_j(t) + K_j^* q_j(t) = -\{X\}_j^T[M]\{I\} x_g(t) \tag{3-43}$$

广义质量、广义刚度和广义阻尼的表达式为

$$\left.\begin{array}{l} M_j^* = \{X\}_j^T[M]\{X\}_j \\ K_j^* = \{X\}_j^T[K]\{X\}_j \\ C_j^* = \{X\}_j^T[C]\{X\}_j \end{array}\right\} \tag{3-44}$$

广义质量、广义刚度和广义阻尼有下列关系：

$$\left.\begin{array}{l} C_j^* = 2\zeta_j \omega_j M_j^* \\ K_j^* = \omega_j^2 M_j^* \end{array}\right\} \tag{3-45}$$

将式 (3-45) 代入式 (3-44)，并用 j 振型的广义质量除等式两端，得

$$\gamma_j = \frac{-\{X\}_j^T[M]\{I\}}{\{X\}_j^T[M]\{X\}_j} = \frac{\sum_{i=1}^n m_i X_{ji}}{\sum_{i=1}^n m_i X_{ji}^2} = \frac{\sum_{i=1}^n X_{ji} G_i}{\sum_{i=1}^n X_{ji}^2 G_i} \tag{3-46}$$

式 (3-46) 中的 γ_j 称为 j 振型的振型参与系数，即

$$\gamma_j = \frac{-\{X\}_j^T[M]\{I\}}{\{X\}_j^T[M]\{X\}_j} = \frac{\sum_{i=1}^n m_i X_{ji}}{\sum_{i=1}^n m_i X_{ji}^2} = \frac{\sum_{i=1}^n X_{ji} G_i}{\sum_{i=1}^n X_{ji}^2 G_i} \tag{3-47}$$

它满足 $\sum_{j=1}^n \gamma_j X_{ji} = 1$。

式中：G_i —— i 质点的重力荷载代表值；

X_{ji}——第 j 振型在 i 质点的振幅。

式（3-46）相当于一个单自由度弹性体系的运动方程，未知量为广义坐标 $q_j(t)$，其解为

$$q_j(t) = -\frac{\gamma_j}{\omega_j}\int_0^t x_g(\tau)e^{-\xi_j\omega_j(t-\tau)}\sin\omega_j(t-\tau)\mathrm{d}\tau = \gamma_j\Delta_j(t)(j=1,2,\cdots,n) \quad (3\text{-}48)$$

求得各振型的广义坐标 $q_j(t)$ 后，就可按式（3-41）求出原体系 z 质点相对于地面的侧移反应和相对加速度反应：

$$x_i(t) = \sum_{j=1}^n \gamma_j\Delta_j(t)X_{ji} \quad (3\text{-}49)$$

$$\ddot{x}_i(t) = \sum_{j=1}^n \gamma_j\ddot{\Delta}_j(t)X_{ji} \quad (3\text{-}50)$$

利用振型分解法，不仅对计算多质点体系的地震位移反应十分简便，而且也为按反应谱理论计算多质点体系的地震作用提供了方便。工程结构抗震设计最关心的是各质点地震反应的最大值。对自由度弹性体系，在振型分解法的基础上，结合单自由度弹性体系的反应谱理论，可以推导出实用的振型分解反应谱法，并且在特定的条件下，还可推导出更为简单实用的底部剪力法。

（二）振型分解反应谱法

多质点弹性体系 i 质点的水平地震作用等于 i 质点所受的惯性力，即

$$F_i(t) = -m_i\left[\ddot{x}_i(t) + \ddot{x}_g(t)\right] = -m_i\sum_{j=1}^n\left[\gamma_j\ddot{\Delta}_j(t)X_{ji} + \gamma_jX_{ji}\ddot{x}_g(t)\right] = \sum_{j=1}^n F_{ji}(t) \quad (3\text{-}51)$$

式中

$$F_{ji}(t) = -m_i\gamma_jX_{ji}\left[\ddot{\Delta}_j(t) + \ddot{x}_g(t)\right] \quad (3\text{-}52)$$

称为体系 t 时刻 j 振型 i 质点的水平地震作用。

利用单自由度弹性体系的反应谱，按式（3-52）求得对应于 j 振型各质点的最大水平地震作用及所产生的地震作用效应 S_j（弯矩、剪力、轴力、位移等），再将对应于各振型的作用效应进行组合，即可得到多自由度弹性体

系在水平地震作用下产生的效应。

j 振型 i 质点的水平地震作用最大值为

$$F_{ji} = \left| F_{ji}(t) \right|_{\max} = m_i \gamma_j X_{ji} \left[\ddot{x}_g(t) + \ddot{\Delta}_j(t) \right]_{\max} \qquad (3\text{-}53)$$

令

$$\alpha_j = \left| \frac{\ddot{x}_g(t) + \ddot{\Delta}_j(t)}{g} \right|_{\max} = \frac{S_a(\zeta_j, \omega_j)}{g} \qquad (3\text{-}54)$$

α_j 即为对应于振型 j，自振频率为 ω_j、阻尼比为 ζ_j 的单自由度弹性体系的水平地震影响系数。

则对应于第 j 振型 i 质点的水平地震作用最大值为

$$F_{ji} = \alpha_j \gamma_j X_{ji} G_i \quad (i = 1, 2, \cdots, n; j = 1, 2, \cdots, n) \qquad (3\text{-}55)$$

对于层间剪切型结构，j 振型地震作用下各楼层水平地震层间剪力可按下式计算：

$$V_{ji} = \sum_{k=i}^{n} F_{jk} \, (i = 1, 2, \cdots, n) \qquad (3\text{-}56)$$

根据振型分解反应谱法确定的相应于各振型的地震作用 F_{ji} 均为最大值，所以按 F_{ji} 所求得的地震作用效应 S_j 也是最大值。但是相应于各振型的最大地震作用效应 S_j 不会同时发生，这样就出现了如何将 S_j 进行组合，以确定合理的地震作用效应的问题。

我国的《建筑抗震设计规范》(GB 50011—2010) 根据概率论的方法，得出了结构地震作用效应"平方和开平方"(SRSS) 的近似计算公式

$$S_{Ek} = \sqrt{\sum S_j^2} \qquad (3\text{-}57)$$

式中：S_{Ek} ——水平地震作用效应标准值；

S_j ——第 j 振型水平地震作用效应标准值，可只取 2～3 个振型。当基本自振周期大于 1.5 s 或房屋高宽比大于 5 时，振型个数可适当增加。

(三) 底部剪力法

当房屋层数较多时，按振型分解反应谱法计算结构的水平地震作用过

程十分冗繁。为了简化计算，我国的《建筑抗震设计规范》(GB 50011—2010) 规定，当满足以下条件时，可采用近似计算法，即底部剪力法。

第一，质量和刚度沿高度分布比较均匀的结构。

第二，建筑物的总高度不超过 40 m。

第三，建筑结构在地震作用下的变形以剪切变形为主。

第四，建筑结构在地震作用时的扭转效应可忽略不计。

当满足以上条件时，结构在地震作用下的位移反应往往以第一振型为主，而且第一振型接近于直线。即任意质点的第一振型位移与其高度成正比，$X_{1i} = \eta H_i$，其中 η 为比例常数，H_i 为质点的计算高度。

由式 (3-55) 和式 (3-56) 可以得出，j 振型结构总水平地震作用标准值，即 j 振型的底部剪力为

$$V_{j0} = \sum_{i=1}^{n} F_{ji} = \sum_{i=1}^{n} \alpha_j \gamma_j X_{ji} G_i = \alpha_1 G \sum_{i=1}^{n} \frac{\alpha_j}{\alpha_1} \gamma_j X_{ji} \frac{G_i}{G} \tag{3-58}$$

式中：G——结构的总重力荷载代表值，$G = \sum_{i=1}^{n} G_i$。

由式 (3-57) 可以得出，结构总的水平地震作用，即结构的底部剪力 F_{Ek} 位为

$$F_{Ek} = \sqrt{\sum_{j=1}^{n} V_{j0}^2} = \alpha_1 G \sqrt{\sum_{j=1}^{n} \left(\sum_{i=1}^{n} \frac{\alpha_j}{\alpha_1} \gamma_j X_{ji} \frac{G_i}{G} \right)^2} = \alpha_1 G q \tag{3-59}$$

式中：$q = \sqrt{\sum_{j=1}^{n} \left(\sum_{i=1}^{n} \frac{\alpha_j}{\alpha_1} \gamma_j X_{ji} \frac{G_i}{G} \right)^2}$ 为等效重力荷载系数，我国的《建筑抗震设计规范》(GB 50011—2010) 规定，对单质点体系 $q = 1$；对多质点体系 $q = 0.85$，并定义 $G_{eq} = qG$。则结构底部剪力的计算可简化为

$$F_{Ek} = \alpha_1 G_{eq} \tag{3-60}$$

式中：G_{eq}——结构等效总重力荷载；

α_1——相应于结构基本周期的水平地震影响系数。

由于结构振动以基本振型为主，且基本振型接近于直线，则任意质点的

第一振型位移与其高度成正比，$X_{1i} = \eta H_i$，其中 η 为比例常数，H_i 为质点的计算高度。各质点的水平地震作用近似等于第一振型各质点的地震作用，即

$$F_i \approx F_{1i} = \alpha_1 \gamma_1 X_{1i} G_i = \alpha_1 \gamma_1 \eta H_i G_i \tag{3-61}$$

则结构总水平地震作用可表示为

$$F_{Ek} = \sum_{k=1}^{n} F_k = \sum_{k=1}^{n} \alpha_1 \gamma_1 \eta H_k G_k = \alpha_1 \gamma_1 \eta \sum_{k=1}^{n} H_k G_k$$

得

$$\alpha_1 \gamma_1 \eta = \frac{F_{Ek}}{\sum_{k=1}^{n} G_k H_k} \quad \text{将上式代入式 (3-61)，得}$$

$$F_i = \frac{G_i H_i}{\sum_{k=1}^{n} G_k H_k} F_{Ek} \tag{3-62}$$

对于自振周期比较长的结构，经计算发现，在房屋顶部的地震剪力按底部剪力法计算结果偏小，因此，我国的《建筑抗震设计规范》(GB 50011—2010) 规定，当结构基本周期 $T_1 > 1.4 \, T_g$ 时，需在结构的顶部附加水平地震作用 ΔF_n，取

$$\Delta F_n = \delta_n F_{Ek} \tag{3-63}$$

式 (3-62) 改写为：

$$F_i = \frac{G_i H_i}{\sum_{k=1}^{n} G_k H_k} F_{Ek} \left(1 - \delta_n\right) \tag{3-64}$$

其中，δ_n 为结构顶部附加地震作用系数，多层钢筋混凝土房屋和钢结构房屋按表 3-1 采用，多层内框架砖房可采用 0.2，其他房屋不考虑。

表 3-1　顶部附加地震作用系数

T_g (s)	$T_1 > 1.4 \, T_g$	$T_1 \leq 1 \cdot 4 \, T_g$
≤ 0.35	$0.08 \, T_1 + 0.07$	
$0.35 \sim 0.55$	$0.08 \quad + 0.01$	0.0
> 0.55	$0.08 \, T_1 - 0.02$	

震害表明，突出屋面的屋顶间、女儿墙、烟囱等，它们的震害比下面主体结构严重。这是由于突出屋面的这些建筑的质量和刚度突然变小，地震反应随之增大。在地震工程中，把这种现象称为"鞭梢效应"。因此，《建筑抗震设计规范》(GB 50011—2010) 规定，采用底部剪力法时，突出屋面的屋顶间、女儿墙、烟囱等的地震作用效应，宜乘以增大系数 3，此增大部分不应往下传递，但与该突出部分连接的构件应予以计入。

(四) 楼层最小水平地震剪力

由于地震影响系数在长周期段下降较快，对于基本周期大于 3.5s 的结构，由此计算所得的水平地震作用下的结构效应可能太小。而对于长周期结构，地震作用中的地面运动速度和位移可能对结构的破坏具有更大影响，但振型分解反应谱法尚无法对此作出估计。出于安全考虑，《建筑抗震设计规范》规定，当抗震验算时，结构任一楼层的水平地震剪力应符合下列规定

$$V_{Eki} > \lambda \sum_{j=i}^{n} G_j \qquad (3\text{-}65)$$

式中：V_{Eki} ——第 i 层对应于水平地震作用标准的楼层剪力；

λ ——剪力系数，不应小于表 3-2 规定的楼层最小地震剪力系数值。对竖向不规则结构的薄弱层，尚应乘以 1.15 的增大系数；

G_j ——第 j 层重力荷载代表值。

表 3-2　楼层最小地震剪力系数

类别	6 度	7 度	8 度	9 度
扭转效应明显或基本周期小于 3.5s 的结构	0.008	0.016(0.024)	0.032(0.048)	0.064
基本周期大于 5s 的结构	0.006	0.012(0.018)	0.024(0.030)	0.048

四、结构竖向地震作用计算

一般来说，水平地震作用是导致建筑物破坏的主要原因。但当烈度较高时，高层建筑、烟囱、电视塔等高耸结构和长悬臂结构、大跨结构的竖向地震作用也是不可忽视的。

我国《建筑抗震设计规范》(GB 50011—2010) 规定，位于 8 度、9 度高

烈度区的大跨结构、长悬臂结构、烟囱和类似的高耸结构，9 度时的高层建筑，应考虑竖向地震作用。竖向地震作用的计算是根据建筑结构的不同类型采用不同的方法。烟囱和类似的高耸结构，以及高层建筑，竖向地震作用的标准值可按反应谱法计算，而平板网架和大跨度结构等则采用静力法。

（一）高层建筑和高耸结构的竖向地震作用

已有的地震记录分析表明，各类场地的竖向地震反应谱与水平地震反应谱相差不大，因此，竖向地震作用计算可近似采用水平反应谱。另外，根据统计资料，一般竖向最大地面加速度约为水平最大地面加速度的 $1/2 \sim 2/3$，越靠近震中区其比值越大。因此我国规范规定，高层建筑和高耸结构的竖向地震影响系数最大值 a_{vmax} 为地震影响系数最大值 a_{vmax} 的 65%。

根据大量计算实例分析发现，在高层建筑和高耸结构的竖向地震反应中，第一振型起主要作用，而且第一振型接近于直线。一般高层建筑和高耸结构竖向振动的基本自振周期均在 $0.1 \sim 0.2$ s，因此这类结构的总竖向地震作用标准值和各质点的竖向地震作用标准值分别为

$$F_{\text{Evk}} = \alpha_{\text{v max}} G_{\text{eq}} \tag{3-66}$$

$$F_{vi} = \frac{G_i H_i}{\sum_{k=1}^{n} G_k H_k} F_{\text{Evk}} \tag{3-67}$$

式中：F_{Evk}——结构总竖向地震作用标准值；

F_{vi}——质点 i 的竖向地震作用标准值；

α_{vmax}——竖向地震影响系数的最大值，取 $\alpha_{\text{v max}} = 0.65\alpha_{\text{max}}$；

G_{eq}——结构等效总重力荷载，可取其重力荷载代表值的 75%。

计算竖向地震作用效应时，可按各构件承受的重力荷载代表值的比例分配，并乘以 1.5 的竖向地震动力效应增大系数。

（二）网架及大跨度屋架的竖向地震作用

根据对跨度在 $24 \sim 60$ m 的平板钢网架和 18 m 以上的标准屋架以及大跨度结构竖向地震作用振型分解法的分析表明，竖向地震作用的内力和重力荷载作用下内力的比值一般比较稳定。因此，我国《建筑抗震设计规范》

（GB 50011—2010）规定，对平板型网架屋盖、跨度大于 24 m 的屋架、长悬臂和其他大跨度结构的竖向地震作用标准值，可用静力法计算

$$F_{vi} = \lambda G_i \qquad (3\text{-}68)$$

式中：G_i ——构件重力荷载代表值；

λ ——竖向地震作用系数。平板型网架屋盖、钢屋架、钢筋混凝土屋架、长悬臂和其他大跨度结构，8 度、9 度时可分别取 0.10 和 0.20，设计基本地震加速度为 0.30 g 时，可取该结构、构件重力荷载代表值的 15%。

五、结构抗震验算

(一) 一般规定

1. 结构抗震计算原则

第一，一般情况下，应允许在建筑结构的两个主轴方向分别计算水平地震作用并进行抗震验算，各方向的水平地震作用应全部由该方向抗侧力构件承担。

第二，有斜交抗侧力构件的结构，当相交角度大于 15 度时，应分别计算各抗侧力构件方向的水平地震作用。

第三，质量和刚度明显不对称的结构，应计入双向水平地震作用的扭转影响；其他情况，应允许采用调整地震作用效应的方法计入扭转影响。

第四，8 度和 9 度时的大跨度和长悬臂结构及 9 度时的高层建筑，应计算竖向地震作用。

2. 结构抗震计算方法的选用

第一，高度不超过 40 m，以剪切变形为主且质量和刚度沿高度分布比较均匀的结构，以及近似于单质点体系的结构，宜采用底部剪力法等简化方法。

第二，除第一款外的建筑结构，宜采用振型分解反应谱法。

第三，特别不规则的建筑、甲类建筑等，应采用时程分析法进行补充计算。

第四，计算罕遇地震下结构的变形，采用简化的弹塑性分析方法或弹

塑性时程分析法。

第五，平面投影尺度很大的空间结构，应视结构形式和支承条件，分别按单点一致、多点、多向或多向多点输入计算地震作用。

3. 地基与结构相互作用的影响

结构抗震计算，一般情况下可不计入地基与结构相互作用的影响；8度和9度时建造于Ⅲ、Ⅳ类场地，采用箱基、刚性较好的筏基和桩箱联合基础的钢筋混凝土高层建筑，当结构基本自振周期处于特征周期的1.2～5倍范围时，若计入地基与结构动力相互作用的影响，对刚性地基假定计算的水平地震剪力可按下列规定折减，其层间变形可按折减后的楼层剪力计算。

第一，高宽比小于3的结构，各楼层水平地震剪力的折减系数可按下式计算

$$\psi = \left(\frac{T_1}{T_1 + \Delta T} \right)^{0.9} \tag{3-69}$$

式中：ψ ——计入地基与结构动力相互作用后的地震剪力折减系数；

T_1 ——按刚性地基假定确定的结构基本自振周期（s）；

ΔT ——计入地基与结构动力相互作用的附加周期（s）。

第二，高宽比不小于3的结构，底部的地震剪力按第一的规定折减，顶部不折减，中间各层按线性插入值折减。

第三，折减后各楼层的水平地震剪力，应符合楼层水平地震剪力最小值的规定。

4. 结构楼层水平地震剪力的分配

第一，现浇和装配整体式混凝土楼、屋盖等刚性楼盖建筑，宜按抗侧力构件等效刚度的比例分配。

第二，木楼盖、木屋盖等柔性楼盖建筑，宜按抗侧力构件从属面积上重力荷载代表值的比例分配。

第三，普通的预制装配式混凝土楼、屋盖等半刚性楼、屋盖的建筑，可取上述两种分配结果的平均值。

第四，计入空间作用、楼盖变形、墙体弹塑性变形和扭转的影响时，可按本规范各有关规定对上述分配结果作适当调整。

5. 结构抗震验算的基本原则

第一，6 度时的建筑（不规则建筑及建造于Ⅳ类场地上较高的高层建筑除外），以及生土房屋和木结构房屋等，应允许不进行截面抗震验算，但应符合有关的抗震措施要求。

第二，6 度时不规则建筑、建造于Ⅳ类场地上较高的高层建筑，7 度和 7 度以上的建筑结构（生土房屋和木结构房屋等除外），应进行多遇地震作用下的截面抗震验算。

（二）结构抗震验算内容

在进行建筑结构抗震设计时，我国《建筑抗震设计规范》（GB 50011—2010）采用了二阶段设计法。因此，结构抗震验算分为截面抗震验算和结构抗震变形验算两部分。

1. 构件截面抗震验算

多遇烈度是结构在使用期限内，遭遇机会最多的地震烈度，其超越概率为 63%，多遇烈度下的地震作用，应视为可变作用而不是偶然作用。

多遇烈度下结构构件的地震作用效应和其他荷载效应的基本组合，应按下式计算

$$S = \gamma_G S_{GE} + \gamma_{Eh} S_{Ehk} + \gamma_{Ev} S_{Evk} + \psi_w \gamma_w S_{wk} \qquad (3\text{-}70)$$

式中：S ——结构构件内力组合的设计值，包括组合的弯矩、轴力和剪力设计值等；

γ_G ——重力荷载分项系数，一般情况应采用 1.2，当重力荷载效应对构件承载能力有利时，不应大于 1.0；

γ_{Eh}、γ_{Ev} ——分别为水平、竖向地震作用分项系数；

γ_w ——风荷载分项系数，应取 1.4；

S_{GE} ——重力荷载代表值的效应，有吊车时，尚应包括悬吊物重力标准值的效应；

S_{Ehk} ——水平地震作用标准值的效应，尚应乘以相应的增大系数或调整系数；

S_{Evk} ——竖向地震作用标准值的效应，尚应乘以相应的增大系数或调整系数；

S_{wk} ——风荷载标准值的效应；

ψ_w ——风荷载组合值系数，一般结构取 0.0，风荷载起控制作用的高层建筑应采用 0.2。

构件的抗震承载力按下式计算

$$S \leqslant \frac{R}{\gamma_{RE}} \qquad (3\text{-}71)$$

式中：R ——结构构件截面的承载力设计值；

γ_{RE} ——承载力抗震调整系数，当仅计算竖向地震作用时，各类结构构件承载力抗震调整系数均应采用 1.0。

2. 结构的弹性变形验算

在多遇地震作用下，主体结构一般处于弹性阶段，但如果弹性变形过大，也将导致非结构构件（如维护墙、隔墙及某些装修等）出现过重的破坏。因此，我国规范规定，各类结构应进行多遇地震作用下的抗震变形验算，其楼层内最大的弹性层间位移应符合下式要求

$$\Delta u_e \leqslant [\theta_e] h \qquad (3\text{-}72)$$

式中：Δu_e ——多遇地震作用标准值产生的楼层内最大的弹性层间位移。计算时，除以弯曲变形为主的高层建筑外，可不扣除结构整体弯曲变形，而应计入扭转变形，各作用分项系数均应采用 1.0；钢筋混凝土结构构件的截面刚度可采用弹性刚度；

$[\theta_e]$ ——弹性层间位移角的限值；

h ——计算楼层的层高。

3. 结构的弹塑性变形验算

一般罕遇地震的地面运动加速度峰值是多遇地震的 4~6 倍，所以在多遇地震下结构处于弹性结构，在罕遇地震下结构必将进入弹塑性阶段，结构接近或达到屈服。为抵抗地震的持续作用，要求结构有较好的延性，通过发展弹塑性变形来消耗地震输入能量。

抗震规范规定，下列结构应进行罕遇地震作用下薄弱层的弹塑性变形验算：

第一，8 度 Ⅲ、Ⅳ 类场地和 9 度时，高大的单层钢筋混凝土柱厂房的横

向排架。

第二，7～9度时楼层屈服强度系数小于0.5的钢筋混凝土框架结构。

第三，高度大于150 m的结构。

第四，甲类建筑和9度时乙类建筑中的钢筋混凝土结构和钢结构。

第五，采用隔震和消能减震设计的结构。

抗震规范还规定，下列结构宜进行罕遇地震作用下薄弱层的弹塑性变形验算：

第一，7度Ⅲ、Ⅳ类场地和8度时乙类建筑中的钢筋混凝土结构和钢结构。

第二，板柱—抗震墙结构和底部框架砌体房屋。

第三，高度不大于150 m的高层钢结构。

第四，不规则的地下建筑结构和地下空间综合体。

结构薄弱层（部位）的位置可按下列情况确定：

第一，楼层屈服强度系数沿高度分布均匀的结构，可取底层。

第二，楼层屈服强度系数沿高度分布不均匀的结构，可取该系数最小的楼层（部位）和相对较小的楼层，一般不超过2～3处。

第三，单层厂房，可取上柱。

薄弱楼层的弹塑性层间位移可按下列公式计算

$$\Delta u_p \leqslant \eta_p \Delta u_e \text{ 或 } \Delta u_p = \mu \Delta u_y = \frac{\eta_p}{\xi_y} \Delta u_y \tag{3-73}$$

式中：　Δu_p——弹塑性层间位移；

Δu_y——层间屈服位移；

μ——楼层弹塑性位移的延性系数；

Δu_e——罕遇地震作用下按弹性分析的层间位移；

η_p——弹塑性层间位移增大系数，薄弱层（部位）的屈服强度系数不小于相邻层（部位）该系数平均值的0.8；其他情况可采用内插法取值；

ξ_y——楼层屈服强度系数。

在罕遇地震作用下，结构薄弱层（部位）的弹塑性层间位移应符合下列要求

$$\Delta u_p \leqslant \left[\theta_p \right] h \qquad (3\text{-}74)$$

式中： Δu_p ——弹塑性层间位移；

$\left[\theta_p \right]$ ——弹塑性层间位移角的限值；对钢筋混凝土框架结构，当轴压比小于0.40时，可提高10%；当柱子全高的箍筋构造采用比规定的最小配箍特征值大30%时，可提高20%，但累计不超过25%；

h ——薄弱层楼层高度或单层厂房上柱高度。

第二节 结构抗震概念设计

一、概述

结构工程师按抗震设计要求进行结构分析与设计，其目标是希望使所设计的结构在强度、刚度、延性及耗能能力等方面达到最佳，从而经济地实现"小震不坏，中震可修，大震不倒"的目标。但是，由于地震作用的不确定性（随机性、复杂性、间接性和耦联性），建筑物的地震破坏机理又十分复杂，存在着许多模糊和不确定因素。在结构内力分析方面与实际情况的差异，由于未能充分考虑结构的空间作用、非弹性性质、材料时效、阻尼变化等多种因素，使得计算结果不能全面真实地反映结构的受力、变形情况，并确保结构安全可靠。单靠计算设计还很难使建筑结构在遭遇地震时真正确保具有良好的抗震能力。多年来，结构工程师在总结历次地震灾害的经验中，逐渐认识到宏观的"概念设计"比以往的"数值设计"对工程结构抗震来说更为重要。因此，人们对于概念设计越来越重视。

抗震概念设计，就是从结构总体方案设计一开始，运用人们对建筑结构抗震已有的正确知识，处理好结构设计中遇到的诸如建筑场地的选择、建筑的体型、结构布置、结构体系、结构延性、多道抗震防线等方面的问题，从宏观原则上进行评价、鉴别、选择等处理，再辅以必要的计算和构造措施，从而消除建筑物抗震的薄弱环节，以达到合理抗震设计的目的，是一种基于震害经验建立的抗震基本设计原则和思想。

概念设计要求工程师运用思维和判断力，根据从大量震害经验得出的结构抗震原则，从宏观上确定结构设计中的基本问题。因此，工程师只有从主体上了解结构抗震特点和振动中结构的受力特征，抓住要点，突出主要矛盾，用正确的概念来指导概念设计，才会获得成功。

二、场地的选择

从破坏性质和工程对策角度，地震对结构的破坏作用可分为两种类型：场地、地基的破坏作用和场地的震动作用。场地和地基的破坏作用一般是指造成建筑破坏的直接原因是场地和地基稳定性引起的。由于场地因素引起的震害往往特别严重，单靠工程措施是很难达到预防目的的，或者所花代价昂贵。

选择良好的场地条件是抗震设计首先要解决的一个问题。历次大地震和震害调查表明场地和地基的地震效应与建筑物遭受地震破坏的轻重有着密切关系，并且在一些国家的抗震设计规范中得到越来越多的反映和重视。我国《建筑抗震设计规范》(GB 50011—2010)指出：选择建筑场地时，应根据工程需要，掌握地震活动情况、工程地质和地震地质的有关资料。对抗震有利、一般、不利和危险地段做出综合评价。对不利地段，应提出避开要求，当无法避开时应采取有效措施；对危险地段，严禁建造甲、乙类建筑，不应建造丙类建筑。

(一)抗震有利地段

抗震有利地段是指稳定基岩，坚硬土，开阔、平坦、密实、均匀的中硬土等。在建筑的选址时，应该进行详细勘察，搞清地形、地质情况，要尽量选择对建筑抗震有利的地段，有条件时，尽可能选择基岩和接近基岩的坚硬、密实均匀的中硬土。建造于这类场地上的建筑一般不会发生由于地基失效导致的震害。特别是对于高层建筑，由于其自振周期较长，与这类场地土的卓越周期相差较大，因此输入建筑物的地震能量减小，其地震作用和地震反应减小，从根本上减轻了地震对建筑物的影响；反之，建于软土上的高层建筑的震害会加重。

(二) 抗震不利地段

抗震不利地段就场地土质而言，一般是指软弱土、易液化土，故河道、断层破碎带、暗埋塘滨沟谷或半挖半填地基等，以及在平面分布上成因、岩性、状态明显不均匀的地段。就地形而言，一般是指条状突出的山嘴、孤立的山包和山梁的顶部、高差较大的台地边缘、非岩质的陡坡、河岸和边坡的边缘等在建筑选址时，一般应避开抗震不利地段，当无法避开时应采取有效措施。

国内多次大地震的调查资料表明，局部地形条件是影响建筑物破坏程度的一个重要因素。局部突出地形对地震震动参数具有放大作用（类似于"鞭梢效应"或"孤山效应"）。

根据宏观震害调查的结果和对不同地形条件和岩土构成的形体所进行的地震反应分析结果，地震时这些部位的地面运动会被放大，地震反应具有下列特点：

第一，高突地形距离基准面的高度越大，高处的反应越强烈。

第二，离陡坎和边坡顶部边缘的距离越大，反应相对减小。

第三，从岩土构成方面看，在同样地形条件下，土质结构的反应比岩质结构大。

第四，高突地形顶面越开阔，远离边缘的中心部位的反应是明显减小的。

第五，边坡越陡，其顶部的放大效应相应加大。

建于河岸上的房屋还常常会因为地面不均匀沉降或地面裂缝穿过而裂成数段，这种河岸滑移对建筑物的危害靠工程措施来防治是不经济的。因此，一般情况下应采取避开的方案。必须在岸边建房时，应采取可靠措施，完全消除下卧土层的液化性，提高灵敏黏土层的抗剪强度，以增强边坡稳定性。

建筑物在不同特性场地土上的地震反应和震害有明显的差异。泥炭、淤泥和淤泥质土等软弱土是一种高压缩性土，抗剪强度很低。这类土在强震作用下，土体受到扰动，内部结构遭到破坏，不仅压缩变形增大，而且强度显著降低，产生一定程度的剪切破坏，导致土体向基础两侧挤出，造成上部结构的急剧沉降和倾斜，即产生房屋的震陷。

由于性质不同的土层有不同的动力特性，对地震作用的反应有显著的差异。建造于平面分布明显不均匀的土层上的房屋在地震作用下其不同部分会产生差异运动，易造成房屋的震害。因此，同一建筑物的同一个结构单元的基础，不宜设置在性质截然不同的地基上。当无法避开时，应在分析中考虑不同性质的土层造成的地震反应的差异所带来的不利影响，还可采用局部深基础等措施，使整个结构单元的基础埋置于同一土层中。

(三) 抗震危险地段

建筑抗震的危险地段，是指地震时可能发生滑坡、崩塌、地陷、地裂、泥石流等以及发震断裂带上可能发生地表错位的部位。在建筑场地选址时，任何情况下，均不得在抗震危险地段上建造可能引起人员伤亡或较大经济损失的建筑物。对于危险地段，强调"严禁建造甲、乙类的建筑，不应建造丙类的建筑"。

在研究断层场地的震害规律时，把断层划分为发震断层 (或称活动断层) 和非发震断层 (或称非活动断层)。所谓发震断层是指现代活动强烈、能释放弹性应变、能产生地震的断层。虽然地壳内存在大量断层，但是能产生强震的断层仅是其中一小部分，其余的统称为非发震断层，在地震作用下一般也不会发生新的错动。

当发生强烈地震时，发震断裂带附近地表在地震时可能产生新的错动，将释放巨大能量，引起地震动，使建筑物遭受较大的破坏，属于地震危险地段。断层两侧的相对错动，可能出露于地表，形成地表断裂。

因此，在场址选择时，无须特意远离非活动断层。当然，建筑物具体位置不宜横跨断层或破碎带上，以防万一发生地表错动或不均匀沉降将给建筑物带来危险，造成不必要的损失。

山区建筑在强烈地震作用下，由于山体滑坡和泥石流作用，从而引起建筑的倒塌或掩埋建筑物。

(四) 减少能量输入

同一结构单元的基础不宜设置在性质截然不同的地基上，同一结构单元不宜部分采用天然地基、部分采用桩基，当地基为软弱黏性土、液化土、新近填土或严重不均匀土时，应采取地基处理措施加强基础整体性和刚性，以防止地震引起的动态和永久的不均匀变形。在地基稳定的条件下，还应考虑结构与地基的振动性，力求避免共振的影响。即说，从减少地震能量输入的角度出发，应尽量使地震动卓越周期与待建建筑物的自振周期错开，以避免建筑发生"共振"破坏。大量的地震灾害调查表明，在同一场地上，地震"有选择"地破坏某一类型建筑物，而"放过"其他类型建筑，证明"共振"破坏确实存在。其一般规律是：软弱地基上柔性结构较易遭受破坏，而刚性结构则较好；坚硬地基上则反之，刚性结构较易遭受破坏，而柔性结构较好。因此，为减轻由于地震作用与结构发生"共振"而破坏，在进行建筑方案设计时，应通过改变房屋层数和结构体系，尽量加大建筑物自振周期与地震动卓越周期的差距。

三、建筑设计的规则性

一幢房屋的动力性能基本上取决于它的建筑布局和结构布置。建筑布局简单合理，结构布置符合抗震原则，就能从根本上保证房屋具有良好的抗震性能。合理的建筑布局和结构布置，在抗震设计中是至关重要的。震害调查和理论分析表明，简单、规则、对称的建筑抗震能力强，在地震时不易被破坏；反之，复杂、不规则、不对称的建筑存在抗震薄弱环节，在地震时容易产生震害。而且，简单、规则、对称的结构容易准确计算其地震反应，可以保证地震作用具有明确而直接的传递途径，容易采取抗震构造措施和进行细部处理；反之，复杂、不规则、不对称的结构不易准确计算其地震反应，地震作用的传递不明确、不直接，而且由于先天不足，即使在抗震构造上采取了补强措施，也未必能有效地减轻震害。

历次地震的震害经验表明，在同一次地震中，体型复杂的房屋比体型规则的房屋容易破坏，甚至倒塌。因此，建筑方案的规则性对建筑结构的抗震安全性来说十分重要。这里的"规则"包含了对建筑的平、立面外形尺寸，抗侧力构件布置、质量分布，直至承载力分布等诸多因素的综合要求。"规则"的具体界限随结构类型的不同而异，需要建筑师和结构工程师互相配合，才能设计出抗震性能良好的建筑。

（一）建筑平面布置

从有利于建筑抗震的角度出发，结构的简单性可以保证地震力具有明确而直接的传递途径，使计算分析模型更易接近实际的受力状态，所分析的结果具有更好的可靠性，据此设计的结构，抗震性能更有安全可靠的保证。地震区的建筑平面以方形、矩形、圆形为好；正六边形、正八边形、椭圆形、扇形次之。三角形虽也属简单形状，但是，由于它沿主轴方向不对称，在地震作用下容易发生较强的扭转振动，对抗震不利。此外，带有较长翼缘的 L 形、T 形、十字形、Y 形、U 形和 H 形等平面也对抗震结构性能不利，主要是此类具有较长翼缘平面的结构，在地震动作用下，容易发生较大的差异侧移而导致震害加重。由于建筑外观和使用功能等多方面的要求，建筑不可能都设计成方形或者圆形。

（二）建筑立面布置

建筑的竖向体型宜规则、均匀，避免有过大的外挑和内收。根据均匀性原则，建筑的立面也应采用矩形、梯形和三角形等非突变的几何形状。突变性的阶梯形立面尽量不采用，因为立面形状突变，必然带来质量和侧向刚度的突变，在突变部位产生过高的地震反应或大的弹塑性变形，可能导致严重破坏。所以，应在突变部位采取相应的加强措施。

（三）房屋高度的选择

一般而言，房屋越高，所受到的地震力和倾覆力矩越大，破坏的可能性也就越大。各种结构体系都有它最佳的适用高度，不同结构体系的最大建筑高度的规定，综合考虑了结构的抗震性能、经济和使用合理、地基条件、震害经验以及抗震设计经验等因素。

（四）房屋的高宽比

建筑物的高宽比对结构地震反应的影响，要比起其绝对高度来说更为重要。建筑物的高宽比越大，地震作用的侧移越大，水平地震力引起的倾覆作用越严重。由于巨大的倾覆力矩在底层柱和基础上所产生的拉力和压力比较难以处理，为有效地防止在地震作用下建筑的倾覆，保证有足够的地震稳定性，应对建筑的高宽比有所限制。

(五) 防震缝的合理设置

对于体形复杂、平立面特别不规则的建筑，在适当部位设置防震缝后，就可以形成多个简单、规则的单元，从而可大大改善建筑的抗震性能，并且可降低建筑抗震设计的难度，增加建筑的抗震安全性和可靠度。以往抗震设计者多主张将复杂、不规则的钢筋混凝土结构房屋用防震缝划分成较规则的单元。防震缝的设置主要是为了避免在地震作用下，体形复杂的结构产生过大的扭转、应力集中、局部严重破坏等。为防止建筑物在地震中相碰，防震缝必须留有足够的宽度。

但是，设置防震缝也会带来不少负面影响，产生一些新问题。如：建筑设计的立面处理困难，缝两侧需设置双柱或双墙，结构布置复杂化；实际工程中，由于防震缝的宽度受到建筑装饰等要求限制，往往难以满足强烈地震时的实际侧移量，从而造成相邻单元碰撞而加重震害。在地震作用下，由于结构开裂、局部损坏而进入弹塑性状态，水平抗侧刚度降低很多，其水平侧移比弹性状态时增大很多（可达3倍以上）。所以，此时缝两侧的建筑很容易发生碰撞。

在国内外历次地震中，一再发生相邻建筑物碰撞的事例。究其原因，主要是相邻建筑物之间或一座建筑物相邻单元之间的缝隙，不符合防震缝的要求，或是未考虑抗震，或是构造不当，或是对地震时的实际位移估计不足，防震缝宽度偏小。

《建筑抗震设计规范》(GB 50011—2010) 规定："体型复杂、平立面不规则的建筑，应根据不规则程度、地基基础条件和技术经济等因素的比较分析，确定是否设置防震缝。防震缝应根据抗震设防烈度、结构材料种类、结构类型、结构单元的高度和高差以及可能的地震扭转效应的情况，留有足够的宽度，其两侧的上部结构应完全分开。"即建筑平、立面布置应尽可能规则，尽量避免采用防震缝；如果必须留的话，宽度应该留够。实际工程中，往往碰到稍微不规则的结构就留缝，留的缝又不够宽；还有就是在施工中，浇捣混凝土后的抗震缝两侧的模板没有拆除，或留下许多杂物堵塞，结果等于没留，地震时必然撞坏。

高层建筑最好不设防震缝，因为留缝会带来施工复杂，建筑处理困难，地震时难免碰撞等问题。当建筑体形比较复杂时，可以将地下室和基础连成整体，这样可以减小上部结构反应，增强结构整体性。

抗震设计的高层建筑在下列情况下宜设防震缝，将整个建筑划分为若干个简单的独立单元：

第一，平面或立面不规则，又未在计算和构造上采取相应措施。

第二，房屋长度超过规定的伸缩缝最大间距，又无条件采取特殊措施而必须设伸缩缝时。

第三，地基土质不均匀，房屋各部分的预计沉降量（包括地震时的沉陷）相差过大，必须设置沉降缝时。

第四，房屋各部分的质量或结构的抗推刚度差距过大。

防震缝的宽度不宜小于两侧建筑物在较低建筑物屋顶高度处的垂直防震缝方向的侧移之和。在计算地震作用产生的侧移时，应取基本烈度下的侧移，即近似地将我国抗震设计规范规定的在小震作用下弹性反应的侧移乘以3的放大系数，并应附加上地震前和地震中地基不均匀沉降和基础转动所产生的侧移。一般情况下，钢筋混凝土结构的防震缝最小宽度，应符合我国抗震设计规范的要求。

框架结构房屋的防震缝宽度，当高度不超过15 m时，可采用100 mm；房屋高度超过15 m时，6度、7度、8度和9度相应每增加高度5 m、4 m、3 m和2 m，宜加宽20 mm。

第一，框架—抗震墙结构房屋的防震缝宽度，可采用上述规定值的70%。抗震墙结构房屋的防震缝宽度，可采用上述规定值的50%，且不宜小于100 mm。

第二，防震缝两侧结构体系不同时，防震缝宽度应按需要较宽的规定采用，并可按较低房屋高度计算缝宽。

(六) 合理的基础埋深

基础应有足够的埋深，才能有利于上部结构在地震动下的整体稳定性，防止倾覆和滑移，并能减小建筑物的整体倾斜。我国《高层建筑混凝土结构技术规程》(JGJ3—2010)中规定，对于采用天然基础和复合地基的建筑物，基础埋置深度可不小于建筑高度的 1/15；对于采用桩基的建筑物，则可不小于建筑高度的 1/18，桩的长度不计入基础埋置深度内；当基础落在基岩上时，埋置深度可根据工程具体情况确定，可不设地下室，但应采用地锚等措施。

四、结构设计的规则性

结构规则与否是影响结构抗震性能的重要因素。但是，由于建筑设计的多样性，不规则结构有时是难以避免的。同时，由于结构本身的复杂性，通常不可能做到完全规则，只能尽量使其规则，减少不规则性带来的不利影响。值得指出的是，特别不规则结构应尽量避免采用，尤其在高烈度区。根据不规则的程度，应采取不同的计算模型分析方法，并采取相应的细部构造措施。

(一) 结构平面布置

结构平面布置力求对称，以避免扭转。对称结构在单向水平地振动下，仅发生平移振动，由于楼板平面内刚度大，起到横隔板作用，各层构件的侧移量相等，水平地震力则按刚度分配，受力比较均匀。非对称结构由于质量中心与刚度中心不重合，即使在单向水平地振动下也会激起扭转振动，产生平移—扭转耦联振动。由于扭转振动的影响，远离刚度中心的构件侧移量明显增大，从而所产生的水平地震剪力则随之增大，较易引起破坏，甚至严重破坏。为了把扭转效应降低到最低限度，可以减小结构质量中心与刚度中心的距离。在国内外地震震害调查资料中，不难发现角柱的震害一般较重，这主要由于角柱是受到扭转反应最为显著的部位所致。

1. 扭转不规则

即使在完全对称的结构中，在风荷载及地震作用下，亦不可避免地受到扭转作用。一方面，由于在平面布置中，结构本身的刚度中心与质量中心不重合引起了扭转偏心；另一方面，由于施工偏差，使用中活荷载分布的不均匀等因素引起了偶然偏心。地震时，地面运动的扭转分量也会使结构产生扭转振动。对于高层建筑，对结构的扭转效应需从两方面加以限制。首先限制结构平面布置的不规则性，避免产生过大的偏心而导致结构产生过大的扭转反应。其次是限制结构的抗扭刚度不能太弱，采取抗震墙沿房屋周边布置的方案。

2. 凹凸不规则

平面有较长的外伸段（局部突出或凹进部分）时，楼板的刚度有较大的削弱，外伸段易产生局部振动而引发凹角处的破坏。因此，带有较长翼缘的 L 形、T 形、十字形、U 形、H 形、Y 形的平面不宜采用。需要注意的是，在判别平面凹凸不规则时，凹口的深度应计算到有竖向抗侧力构件的部位，对于有连续内凹的情况，则应累计计算凹口的深度。对于高层建筑，建筑平面的长宽比不宜过大，以避免两端相距太远，因为平面过于狭长的高层建筑在地震时由于两端地震输入有相位差而容易产生不规则振动，从而产生较大的震害。

3. 楼板局部不连续

目前在工程设计中大多假定楼板在平面内不变形，即楼板平面内刚度无限大，这对于大多数工程来说是可以接受的。但当楼板开大洞后，被洞口划分开的各部分连接较为薄弱，在地震中容易产生相对振动而使脆弱部位产生震害。因此，对楼板洞口的大小应加以限制。另外，楼层错层后也会引起楼板的局部不连续，且使结构的传力路线复杂，整体性较差，对抗震不利。

对于较大的楼层错层，如错层的高度超过楼面梁的截面高度时，需按楼板开洞对待；当错层面积大于该层总面积的 30% 时，则属于楼板局部不连续。

（二）结构竖向布置

结构抗震性能的好坏，除取决于总的承载能力、变形和耗能能力外，避免局部的抗震薄弱部位是十分重要的。结构竖向布置的关键在于尽可能使其竖向刚度、强度变化均匀，避免出现薄弱层，并应尽可能降低房屋的重心。

结构薄弱部位的形成，往往是由于刚度突变和屈服承载力系数突变所造成的。刚度突变一般是由于建筑体形复杂或抗震结构体系在竖向布置上不连续和不均匀性所造成的。由于建筑功能上的需要，往往在某些楼层处竖向抗侧力构件被截断，造成竖向抗侧力构件的不连续，导致传力路线不明确，从而产生局部应力集中并过早屈服，形成结构薄弱部位，最终可能导致严重破坏甚至倒塌。竖向抗侧力构件截面的突变也会造成刚度和承载力的剧烈变化，带来局部区域的应力剧增和塑性变形集中的不利影响。

屈服承载力系数的定义是按构件实际截面、配筋和材料强度标准值计算的楼层受剪承载力与罕遇地震下楼层弹性地震剪力的比值。这个比值是影响弹塑性地震反应的重要参数。如果各楼层的屈服承载力系数大致相等，地震作用下各楼层的侧移将是均匀变化的，整个建筑将因各楼层抗震可靠度大致相等而具有较好的抗震性能。如果某楼层的屈服承载力系数远低于其他各层，出现抗震薄弱部位，则在地震作用下，将会过早屈服而产生较大的弹塑性变形，需要有较高的延性要求。因此，尽可能从建筑体形和结构布置上使刚度和屈服强度变化均匀，尽量减少形成抗震薄弱部位的可能性，力求降低弹塑性变形集中的程度，并采取相应的措施来提高结构的延性和变形能力。

1. 侧向刚度不规则

楼层的侧向刚度可取该楼层的剪力与层间位移的比值。结构的下部楼层的侧向刚度宜大于上部楼层的侧向刚度，否则结构的变形会集中于刚度小的下部楼层而形成结构薄弱层。由于下部薄弱层的侧向变形大，且作用在薄弱层上的上部结构的重量大。沿竖向的侧向刚度发生突变一般是由于抗侧力结构沿竖向的布置突然发生改变或结构的竖向体形突变造成的。

2. 竖向抗侧力构件不连续

结构竖向抗侧力构件（柱、抗震墙、抗震支撑等）上、下不连续，需通过水平转换构件（转换大梁、桁架、空腹桁架、箱形结构、斜撑、厚板等）将上部构件的内力向下传递，转换构件所在的楼层往往作为转换层。由于转换层上下的刚度及内力传递途径发生突变，对抗震不利，因此这类结构也属于竖向不规则结构。

3. 楼层承载力突变

抗侧力结构的楼层受剪承载力发生突变，在地震时该突变楼层易成为薄弱层而遭到破坏。结构侧向刚度发生突变的楼层往往也是受剪承载力发生突变的楼层。因此，对于抗侧刚度发生突变的楼层应同时注意受剪承载力的突变问题，前面提到的抗侧力结构沿竖向的布置发生改变和结构的竖向体形突变，同样可能造成楼层受剪承载力突变。

五、结构材料和体系的选择

为了使结构具有良好的抗震性能，在研究建筑形式、结构体系的同时，也需要对所选择的结构材料的抗震性能有一定的了解，以便能够根据工程的各方面条件，选用既符合抗震要求又经济实用的结构类型。

(一) 结构材料

从抗震角度来考虑，一种好的结构材料应具备下列性能：①延性系数高；②"强度 / 重力"比值大；③匀质性好；④正交各向同行；⑤构件的连接具有整体性、连接性和较好的延性，并能充分发挥材料的强度。

常见建筑使用不同材料的结构类型，依其抗震性能优劣而排序为：钢结构、型钢混凝土结构、钢—混凝土混合结构、现浇钢筋混凝土结构、预应力混凝土结构、装配式钢筋混凝土结构、配筋砌体结构、砌体结构。

钢结构具有自重轻、施工速度快、强度高、抗震性能好等优点，同时存在造价高、易于锈蚀、抗火性能差、刚度小的缺点。在历次地震中，钢结构的表现最好，震害最轻。

钢筋混凝土结构造价较低，易就地取材，具有良好的整体性、耐久性、耐火和可塑性，刚度大，抗震性能较好。同时，这种结构也存在一些缺点，如自重大、隔热隔声性能差，现浇结构的施工受季节气候影响大，费工费时。在历次地震中，钢筋混凝土结构的表现要优于砌体结构，且震害与具体的结构形式有关。

砌体结构造价低廉、施工方便、易就地取材，具有良好的耐久性、耐火、保温、隔声和抗腐蚀性能。同时，砌体结构强度 (抗拉、抗弯和抗剪强度) 低，自重大，抗震性能差。历次地震的震害表明砌体结构房屋的破坏最严重，抗震性能最差。在砌体的灰缝或粉刷层中配置钢筋形成的配筋砌体结构的强度有一定提高，抗震性能有一定改善。

(二) 结构体系

结构体系应根据建筑的抗震设防类别、抗震设防烈度、建筑高度、场地条件、地基、结构材料和施工等因素，经技术、经济和使用条件综合比较确定。抗震结构体系应符合下列各项要求：

第一，应具有明确的计算简图和合理的地震作用传递途径。

第二，宜有多道抗震防线，应避免因部分结构或构件破坏而导致整个结构丧失抗震能力或对重力荷载的承载能力。

第三，应具备必要的抗震承载力、良好的变形能力和消耗地震能量的能力。

第四，具有合理的刚度和强度分布，避免因局部削弱或突变形成薄弱部位，产生过大的应力集中或塑性变形集中；对可能出现的薄弱部位，应采取措施提高抗震能力。

第五，结构在两个主轴方向的动力特性应相近。

砌体结构在地震区一般适宜于6层及6层以下的居住建筑。框架结构通过良好的设计可获得较好的抗震能力，但框架结构抗侧移刚度较差，在地震区一般用于10层左右体形较简单和刚度较均匀的建筑物。对于层数较多、体形复杂、刚度不均匀的建筑物，为了减小侧移变形，减轻震害，应采用中等刚度的框架——剪力墙结构。

选择结构体系，还要考虑建筑物刚度与场地条件的关系。当建筑物自振周期与地基土的卓越周期一致时，容易产生共振而加重建筑物的震害。建筑物的自振周期与结构本身刚度有关，在设计房屋之前，一般应首先了解场地和地基土及其卓越周期，调整结构刚度，避开共振周期。

选择结构体系，要注意选择合理的基础形式。基础应有足够的埋深，对于层数较多的房屋宜设置地下室。震害调查表明，凡设置地下室的房屋，不仅地下室本身震害轻，还能使整个结构减轻震害。

六、提高结构抗震性能的措施

(一) 合理的地震作用传递途径

结构体系受力明确、传力合理且传力路线不间断，则容易准确计算结构的地震反应，易使结构在未来发生地震时的实际表现与结构的抗震分析结果比较一致，即结构的抗震性能能较准确地预测，且容易采取抗震措施改善结构的抗震性能。要满足该要求，则需要合理地进行建筑布局和结构布置。

(二) 设置多道抗震防线

静定结构，也就是只有一个自由度的结构，在地震中只要有一个节点破坏或一个塑性铰出现，结构就会倒塌。抗震结构必须做成超静定结构，因为超静定结构允许有多个屈服点或破坏点。将这个概念引申，不仅要设计超静定结构，抗震结构还应该做成具有多层设防的结构。

能造成建筑物破坏的强震持续时间少则几秒，多则几十秒，有时甚至更长。如此长时间的震动，一个接一个的强脉冲对建筑物产生往复式的冲击，造成积累式的破坏。如果建筑物采用的是多重抗侧力体系，第一道防线的抗侧力构件破坏后，后备的第二道乃至第三道防线的抗侧力构件立即接替，抵挡住后续的地震冲击，进而保证建筑物的最低限度安全，避免倒塌。在遇到建筑物基本周期与地震动卓越周期相同或接近的情况时，多道防线就更显示出其优越性。当第一道抗侧力防线因共振而破坏，第二道防线接替工作，建筑物自振周期将出现较大幅度的变动，与地震动卓越周期错开，使建筑物的共振现象得以缓解，避免再度严重破坏。

多道防线对于结构在强震下的安全是很重要的。所谓多道防线的概念，通常指的是：①整个抗震结构体系由若干个延性较好的分体系组成，并由延性较好的结构构件连接起来协同工作。如框架—抗震墙体系由延性框架和抗震墙两个系统组成；双肢或多肢抗震墙体系由若干个单肢墙分系统组成；框架—支撑框架体系由延性框架和支撑框架两个系统组成；框架—筒体体系由延性框架和筒体两个系统组成。②抗震结构体系具有最大可能数量的内部、外部赘余度，有意识地建立起一系列分布的塑性屈服区，以使结构能吸收和耗散大量的地震能量，一旦破坏也易于修复。

1. 第一道防线的构件选择

第一道防线一般应优先选择不负担或少负担重力荷载的竖向支撑或填充墙，或选择轴压比值较小的抗震墙、实墙筒体之类的构件，作为第一道防线的抗侧力构件。不宜选择轴压比很大的框架柱作为第一道防线。

地震的往复作用。使结构遭到严重破坏，而最后倒塌则是结构因破坏而丧失了承受重力荷载的能力。所以，房屋倒塌的最直接原因，是承重构件竖向承载能力下降到低于有效重力荷载的水平。按照上述原则处理，充当第一道防线的构件即使有损坏，也不会对整个结构的竖向构件承载能力有太大影响。如果利用轴压比值较大的框架柱充当第一道防线，框架柱在侧力作用下损坏后，竖向承载能力就会大幅度下降，当下降到低于所负担的重力荷载时，就会危及整个结构的安全。

在纯框架结构中，宜采用"强柱弱梁"的延性框架。对于只能采用单一的框架体系，框架就成为整个体系中唯一的抗侧力构件。梁仅承担一层的楼面荷载，而且宏观经验还指出，梁被破坏后，只要钢筋端部锚固未失效，悬索作用也能维持楼面不立即坍塌。柱的情况就严峻得多，因为它承担着上面各楼层的总负荷，它的破坏将危及整个上部楼层的安全。强柱型框架在水平地震作用下，梁的屈服先于柱的屈服，这样就可以做到利用梁的变形来消耗输入的地震能量，使框架柱退居到第二道防线的位置。

2. 结构体系的多道设防

我国采用得最为广泛的是框架—剪力墙双重结构体系，主要抗侧力构件是剪力墙，它是第一道防线。在弹性地震反应阶段，大部分侧向地震力由剪力墙承担，但是一旦剪力墙开裂或屈服，剪力墙刚度相应降低。此时框架承担地震力的份额将增加，框架部分起到第二道防线的作用，并且在地震震动过程中框架起着支撑竖向荷载的重要作用，它承受主要的竖向荷载。

框架—填充墙结构体系实际上也是等效双重体系。如果设计得当，填充墙可以增加结构体系的承载力和刚度。在地震作用下，填充墙产生裂缝，可以大量吸收和消耗地震能量，填充墙实际上起到了耗能元件的作用。填充墙在地震后是较易修复的，但须采取有效措施防止平面外倒塌和框架柱剪切破坏。

单层厂房纵向体系中，可以认为也存在等效双重体系。柱间支撑是第一道防线，柱是第二道防线。通过柱间支撑的屈服来吸收和消耗地震能量，从而保证整个结构的安全。

3. 结构构件的多道防线

建筑的倒塌往往都是结构构件破坏后，致使结构体系变为机动体系的结果。因此，结构的冗余构件（超静定次数）越多，进入倒塌的过程就越长。

从能量耗散角度看，在一定地震强度和场地条件下，输入结构的地震能量大体上是一定的。在地震作用下，结构上每出现一个塑性铰，即可吸收和耗散一定数量的地震能量。在整个结构变成机动体系之前，能够出现的塑性铰越多，耗散的地震输入能量就越多，就更能经受住较强地震而不倒塌。从这个意义上来说，结构冗余构件越多，抗震安全度就越高。

从结构传力路径上看，超静定结构要明显优于静定结构。对于静定的结构体系，其传递水平地震作用的路径是单一的，一旦其中的某一根杆件或局部节点发生破坏，整个结构就会因为传力路线的中断而失效。而超静定结构的情况就好得多，结构在超负荷状态工作时，破坏首先发生在赘余杆件上，地震作用还可以通过其他途径传至基础，其后果仅仅是降低了结构的超静定次数，但换来的却是一定数量地震能量的耗散，而整个结构体系仍然是稳定的、完整的，并且具有一定的抗震能力。

在超静定结构构件中，赘余构件为第一道防线。由于主体结构已是静定或超静定结构，这些赘余构件的先期破坏并不影响整个结构的稳定。

联肢抗震墙中，连系梁先屈服，然后墙肢弯曲破坏，丧失承载力。当连系梁钢筋屈服并具有延性时，既可以吸收大量地震能量，又能继续传递弯矩和剪力，对墙肢有一定的约束作用，使抗震墙保持足够的刚度和承载力，延性较好。如果连系梁出现剪切破坏，按照抗震结构多道设防的原则，只要保证墙肢安全，整个结构就不至于发生严重破坏或倒塌。

强柱弱梁型的延性框架，在地震作用下，梁处于第一道防线，其屈服先于柱的屈服，首先用梁的变形去消耗输入的地震能量，使柱处于第二道防线。

(三) 刚度、承载力和延性的匹配

结构体系的抗震能力综合表现在强度、刚度和变形能力三者的统一，即抗震结构体系应具备必要的强度和良好的延性或变形能力。如果抗震结构体系有较高的抗侧刚度，所承担的地震力也大，但同时缺乏足够的延性，这样的结构在地震时很容易破坏。另外，如果结构有较大的延性，但抗侧力的强度不符合要求，这样的结构在强烈地震作用下必然变形过大。因此，在确定建筑结构体系时，需要在结构刚度、承载力和延性之间寻找一种较好的匹配关系。

1.刚度与承载力

(1) 地震作用与刚度

一般来说，建筑物的抗侧刚度大，自振周期就短，水平地震力大；反

之，建筑物的抗侧刚度小，自振周期就长，水平地震力小。因此，应该使结构具有与其刚度相适应的水平屈服抗力。结构刚度不可过大，从而从根本上减小作用于构件上的水平地震作用。结构也不能过柔，因为建筑的抗侧刚度过小，虽然地震力减小了，但结构的变形增大，其后果是：①要求构件有很高的延性，导致钢筋过密；②过大的侧移会加重非结构部件的破坏；③ $p-\Delta$ 效应使构件内力增值。

（2）承载力与刚度的匹配

①框架结构体系

采用钢、钢筋混凝土或型钢混凝土纯框架体系的高层建筑，其特点是抗侧刚度小，周期长，地震作用小，变形大。框架的附加侧移与 $p-\Delta$ 效应将使梁、柱等杆件截面产生较大的次弯矩，进一步加大杆件截面的内力偏心距和局部压应力。此外，框架侧移很大时，还可能发生附加侧移与 $p-\Delta$ 效应，引起相互促进的恶性循环，以致侧向失稳而倒塌。当钢筋混凝土框架体系中存在刚度悬殊的长柱和短柱时，短柱柱身发生很宽的斜裂缝，这表明其较小的受剪承载力与较大的刚度不匹配。因此，在短柱柱身内配斜向钢筋或足够多的水平钢筋，以提供较大的剪切抗力。

②抗震墙体系

抗震墙体系的常见震害有：墙面上出现斜向裂缝；底部楼层的水平施工缝发生水平错动。

现浇钢筋混凝土全墙体系抗推刚度大，自振周期小，地震力很大。为避免震害可以采取以下措施：A. 在保证墙体压曲稳定的前提下，加大墙体间距以降低刚度，减小墙体的水平弯矩和剪力；B. 通过适当配筋，提高墙体抗拉应力的强度，在水平施工缝、墙根部配置钢筋，提高抗剪能力。

装配钢筋混凝土全墙体系抗推刚度大，地震力大，强度小。其薄弱环节是墙板的水平接缝，地震时易出现水平裂缝和剪切滑移。因此，一方面，要加强内外墙板接缝内的竖向钢筋，减小房屋整体弯曲时水平接缝受剪承载力的不利影响；另一方面，在水平缝设暗槽，必要时可在缝内设斜筋。

③框架—抗震墙体系

采用钢筋混凝土框架—抗震墙体系的高层建筑，其自振周期的长短主要取决于抗震墙的数量。抗震墙的数量多、厚度大，自振周期就短，总水平地震作用就大；抗震墙少而薄，自振周期就长，总水平地震作用就小。要使建筑做到既安全又经济，最好按侧移限值确定抗震墙的数量。侧移限值由建筑物重要性、装修等级和设防烈度来确定。抗震墙厚度应使建筑物具有尽可能长的自振周期及最小的水平地震作用。

抗震墙的厚度太厚不利于抗震。这是因为：A. 厚墙使建筑周期减小，水平地震力加大；B. 厚墙如过大，如 600 mm 厚，除非沿墙厚设置 3 层竖向钢筋网片，否则很难使其墙体的延性达到应有的要求；C. 延性较低的钢筋混凝土墙体在地震作用下，发生剪切破坏的可能性以及斜裂缝的开展宽度均加大；D. 厚墙开裂后的刚度退化幅度加大，由此引起的框架剪力值也加大。因此，抗震墙的厚度要适当而不能过厚。

2. 刚度与延性

框架结构的杆件的长度比较大，抗侧移刚度较小，配筋恰当时延性较好；抗震墙结构的墙体刚度较大，在水平力作用下所产生的侧移中，除弯曲变形外，剪切变形占有相当的比重，延性较差；竖向支撑属轴力杆系，刚度大，压杆易侧向挠曲，延性较差。对于框架—墙体、框架—支撑双重体系，在地震持续作用下，框架的刚度小，承担的地震力小，而弹性极限变形值和延性系数却较大。墙体或支撑刚度大，受力大，则墙体易先出现裂缝，支撑发生杆件屈曲，水平抗力逐步降低。此时，框架的侧移远小于其限值，框架尚未发挥其自身的水平抗力，即刚度与延性不匹配，各构件不能同步协调工作，出现先后破坏的各个击破情况，大大降低了结构的可靠度。为使双重体系的抗震墙或竖向支撑能够与框架同步工作，可采用带竖缝抗震墙。它可使与框架共同承担水平地震作用的同步工作程度大为改善。所以，协调抗侧力体系中各构件的刚度与延性，使之相互匹配，是工程设计中应该努力做到的一条重要的抗震设计原则。

（1）延性要求

在中等地震作用下，允许部分结构构件屈服进入弹塑性；大震作用下，结构不能倒塌。因此，抗震结构的构件需要延性，抗震的结构应该设计成延性结构。延性是指构件和结构屈服后，具有的承载能力不降低或基本不降低，且有足够塑性变形能力的一种性能。

在"小震不坏，中震可修，大震不倒"的抗震设计原则下，钢筋混凝土结构都应该设计成延性结构。即在设防烈度地震作用下，允许部分构件出现塑性铰，这种状态是"中震可修"状态；当合理控制塑性铰部位、构件又具备足够的延性时，可做到在大震作用下结构不倒塌。高层建筑各种抗侧力体系都是由框架和剪力墙组成的，作为抗震结构，都应该设计成延性框架和延性剪力墙。

"结构延性"这个术语有4层含义：①结构总体延性，一般用结构的"顶点侧移比"或结构的"平均层间侧移比"来表达；②结构楼层延性，以一个楼层的层间侧移比来表达；③构件延性，是指整个结构中某一构件(一根框架或一片墙体)的延性；④杆件延性，是指一个构件中某一杆件(框架中的梁、柱，墙片中的连梁、墙肢)的延性。一般而言，在结构抗震设计中，对结构中重要构件的延性要求，高于对结构总体的延性要求；对构件中关键杆件或部位的延性要求，高于对整个构件的延性要求。因此，要提高重要构件及某些构件中关键杆件或关键部位的延性。其原则是：

第一，在结构的竖向，应重点提高楼房中可能出现塑性变形集中的相对柔性楼层的构件延性。例如，对于刚度沿高度均布的简单体形高层，应着重提高底层构件的延性；对于带大底盘的高层，应着重提高主楼与裙房顶面相衔接的楼层中构件的延性；对于框托墙体系，应着重提高底层或底部几层的框架的延性。

第二，在平面上，应着重提高房屋周边转角处、平面突变处以及复杂平面各翼相接处的构件延性。对于偏心结构，应加大房屋周边特别是刚度较弱一端构件的延性。

第三，对于具有多道抗震防线的抗侧力体系，应着重提高第一道防线中构件的延性。如框—墙体系，重点提高抗震墙的延性；筒中筒体系，重点提高内筒的延性。

第四，在同一构件中，应着重提高关键杆件的延性。对于框架、框架筒体应优先提高柱的延性；对于多肢墙，应重点提高连梁的延性；对于壁式框架，应着重提高窗间墙的延性。

(2)改善构件延性的途径

①减小竖向构件的轴压比

竖向构件的延性对防止结构的倒塌至关重要。对于钢筋混凝土竖向构件，轴压比是影响其延性的主要因素之一。试验研究表明，钢筋混凝土柱子和剪力墙的变形能力随着轴压比的增加而明显降低。抗震规范对抗震等级为一、二、三级的框架柱和抗震等级为一、二级的剪力墙底部加强部位的轴压比进行了限制，框架柱的初始截面尺寸常常根据轴压比的限值来进行估算。

②控制构件的破坏形态

构件的破坏机理和破坏形态决定了其变形能力和耗能能力。发生弯曲破坏的构件的延性远远高于发生剪切破坏的构件。一般认为，弯曲破坏是一种延性破坏，而剪切破坏是一种脆性破坏。因此，控制构件的破坏形态（使构件发生弯曲破坏）可以从根本上控制构件的延性。目前，在钢筋混凝土构件的抗震设计中采用"强剪弱弯"（构件的受剪承载力大于受弯承载力）的原则来控制构件的破坏形态，一般采用增大剪力设计值和增加抗剪箍筋的方法来提高构件的受剪承载力，并且通过验算截面上的剪力来控制截面上的平均剪应力大小，避免过早发生剪切破坏。对跨高比（或剪跨比）小的构件，平均剪应力的限制更加严格。

③加强抗震构造措施

构件的延性也与构造措施密切相关。采用合理的构造措施能有效地提高构件的延性。对于不同类型的构件可采取不同的抗震构造措施。

（四）设置合理的屈服机制

钢筋混凝土构件可以由配置钢筋的多少控制它的屈服承载力和极限承载力，这一性能，在结构中可以按照"需要"调整钢筋数量，调整结构中各个构件屈服的先后次序，实现最优状态的屈服机制。钢筋混凝土结构中，梁的支座截面弯矩调幅就是这种原理的具体应用，降低支座配筋、增大跨中弯矩和配筋可以使支座截面先出铰，梁的挠度虽然加大，但只要跨中截面不屈服，梁就是安全的。

对于框架，可能的屈服机制有梁铰机制、柱铰机制和混合机制几种类型，由地震震害、试验研究和理论分析可以得到梁铰机制优于柱铰机制的结论。梁铰机制是指塑性铰出现在梁端，除了柱脚可能在最后形成铰，其他柱端无塑性铰；柱铰机制是指在同一层所有柱的上、下端形成塑性铰。梁铰机制之所以优于柱铰机制是因为：①梁铰分散在各层，即塑性变形分散在各层，梁出现塑性铰不至于形成"机构"而倒塌，而柱铰集中在某一层时，塑性变形集中在该层，该层成为软弱层或薄弱层，则易形成倒塌"机构"；②梁铰机制中铰的数量远多于柱铰机制中铰的数量，因而梁铰机制耗散的能量更多。在同样大小的塑性变形和耗能要求下，对梁铰机制中铰塑性转动能力要求可以低一些，容易实现；③梁是受弯构件，容易实现大的延性和耗能能力；柱是压弯构件，尤其是轴压比大的柱，要求大的延性和耗能能力是很困难的。实践证明，设计成梁铰机制的结构延性好。实际工程设计中，很难实现完全的梁铰机制，往往是既有梁铰又有柱铰的混合铰机制。

(五) 确保结构整体性

结构是由许多构件连接组合而成的一个整体，通过各构件的协同工作来有效地抵抗地震作用。若结构在地震作用下丧失了整体性，则各构件的抗震能力若不能充分发挥，易使结构 (或局部) 成为机动体而倒塌。因此，结构的整体性是充分发挥各构件的抗震能力，保证结构大震不倒的关键因素之一。

1. 结构应具有连续性

结构的连续性是结构在地震时保持整体性的重要手段之一。首先应从结构类型的选择上保证结构具有连续性；其次强调施工质量良好以保证结构具有连续性和抗震整体性。

2. 构件间的可靠连接

为了充分发挥各构件的抗震能力，必须加强构件间的连接，使其能满足传递地震力的强度要求和协调强震时构件大变形的延性要求。显然，作为连接构件的桥梁，节点的失效意味着与之相连的构件无法再继续工作。因此，各类节点的强度应高于构件的强度，即所谓的"强节点弱构件"，使节点的破坏不先于其连接的构件。对于钢筋混凝土结构，钢筋在节点内应可靠锚固，钢筋的锚固黏结破坏不应先于构件的破坏。此外，施工方法也会影响结构的整体性。对于钢筋混凝土结构，现浇结构可保证结构具有良好的连续性，节点与构件之间可靠连接，因而具有很好的整体性。装配整体式 (构件预制、节点现浇) 结构的节点处混凝土不易浇捣密实，节点的强度不易有保证，因而整体性较差。装配式结构的整体性则更差。因此，需抗震设防的建筑应尽量采用现浇结构。

3.提高结构的竖向整体刚度

在我国历次地震中，有许多建造在软弱地基上的房屋，由于砂土、粉土液化或软土震陷而发生地基不均匀沉陷，造成房屋严重破坏。建造于软弱地基上的高层建筑，除了采取长桩、沉井等穿透液化土层或软弱土层的情况，其他地基处理措施很难完全消除地基沉陷对上部结构的影响。对于这种情况，最好设置地下室，采用箱形基础以及沿房屋纵、横向设置具有较高截面的通长基础梁，使建筑具备较大的竖向整体刚度，以抵抗地震时可能出现的地基不均匀沉陷。

七、非结构构件的处理

非结构构件，一般不属于主体结构的一部分，非承重结构构件在抗震设计时往往容易被忽略，但从震害调查来看，非结构构件处理不好，往往在地震时倒塌伤人，砸坏设备财产，破坏主体结构。特别是现代建筑，装修造价占总投资的比例很大。因此，非结构构件的抗震问题应该引起重视。

非结构构件一般包括建筑非结构构件和建筑附属机电设备，大体可以分为4类：

第一，附属构件，如女儿墙、厂房高低跨封墙、雨篷等。这类构件的抗震问题是防止倒塌。采取的抗震措施是加强非结构构件本身的整体性，并与主体结构加强锚固连接。

第二，装饰物，如建筑贴面、装饰、顶棚和悬吊重物等。这类构件的抗震问题是防止脱落和装饰的破坏。采取的抗震措施是同主体结构可靠连接。对重要的贴面和装饰，也可采用柔性连接，即使主体结构在地震作用下有较大变形，也不至于影响到贴面和装饰的损坏（如玻璃幕墙）。

第三，非结构的墙体，如围护墙、内隔墙、框架填充墙等。根据材料的不同和同主体结构的连接条件，它们可能对结构产生不同程度的影响，如：①减小主体结构的自振周期，增强结构的地震作用；②改变主体结构的侧向刚度分布，从而改变地震作用在各结构构件之间的内力分布状态；③处理不好，反而引起主体结构的破坏，如局部高度的填充墙形成短柱，地震时发生柱的脆性破坏。

第四，建筑附属机电设备及支架等。这些设备通过支架与建筑物连接。因此，设备的支架应有足够的刚度和强度，与建筑物应有可靠的连接和锚固，并应使设备在遭遇设防烈度的地震影响后能迅速恢复运行。建筑附属机电设备的设置部位要适当，支架设计时要防止设备系统和建筑结构发生谐振现象。尽量避免发生次生灾害。

为了减小填充墙震害，规范要求墙体应采取措施，减少对主体结构的不利影响，并应设置拉结筋、水平系梁、圈梁、构造柱等与主体结构可靠拉结。实际工程中常见技术处理方法有以下 3 种：

1. 柔性拉结

填充墙与框架柱留 2 cm 的空隙并用柔性材料填充。这种做法和结构的计算方法相一致，但建筑处理困难。当填充墙与框架柱柔性连接时，须按规定设置拉接筋、水平系梁等构造措施，避免填充墙出现平面倒塌。

2. 刚性拉结

填充墙与框架柱紧密砌筑。目前这种做法占主导。震害轻重与结构层间位移角有关。当填充墙嵌砌与框架刚性连接时，须按规定采取构造措施，并对计算的结构自振周期予以折减，按折减后的周期值确定水平地震作用。同时，还要考虑填充墙不满砌时，由于墙体的约束使框架柱有效长度减小，可能出现短柱，造成剪切破坏。

3. 拉结钢筋的施工

埋 L 形钢筋拆模后扳直；预埋件焊接方法；锚筋方法；凿开保护层与箍筋焊接。

八、结构材料与施工质量

抗震结构对材料和施工质量的特别要求，应在设计文件上注明，并应保证按要求执行。

对砌体结构所用材料、钢筋混凝土结构所用材料、钢结构所用钢材等的强度等级应符合最低要求。对钢筋接头及焊接质量应满足规范要求。

对构造柱、芯柱及框架、砌体房屋纵墙及横墙的连接等，应保证施工质量。

第四章　装配式混凝土建筑结构设计

第一节　装配式混凝土建筑设计原则

装配式混凝土建筑以采用工厂化生产的混凝土预制构件为主，通过现场装配的方式建造的混凝土结构类房屋建筑。构件的装配方法一般有现场后浇叠合层混凝土、钢筋锚固后浇混凝土连接等操作，钢筋连接可采用套筒灌浆连接、焊接、机械连接及预留孔洞搭接连接等做法。装配式混凝土建筑设计应符合建筑功能和性能要求，符合可持续发展和绿色环保的设计原则，利用各种可靠的连接方式将预制混凝土构件装配起来，并宜采用主体结构、装修和设备管线的装配化集成技术，综合协调给排水、燃气、供暖、通风和空气调节设施、照明供电等设备系统空间设计，考虑安全运行和维修管理等要求。

一、适用范围

建筑设计中有标准化程度高的建筑类型，如住宅、学校教学楼、幼儿园、医院、办公楼等，也有标准化程度低的建筑类型，如剧院、体育场馆、博物馆等。装配式混凝土建筑对建筑的标准化程度要求相对较高，这样同种规格的预制构件才能最大化地被利用，带来更好的经济效益。因此，宜选用体型较为规整的大空间平面布局，合理布置承重墙及管井的位置。此外，预制建筑体系的发展应适应我国各地建筑功能和性能要求，遵循标准化设计、模数协调、构件工厂化加工制作等原则。

二、建筑模数协调

建筑设计符合现行国家标准《建筑模数协调标准》（GB/T 50002—2013）的规定。采用系统性的建筑设计方法，满足构件和部品标准化及通用化要求。建筑结构形式宜简单、规整，设计应合理确定建筑结构体的耐久性要求，满足建筑使用的舒适性和适应性要求。建筑的外墙围护结构以及楼梯、阳台、内隔墙、空调板、管道井等配套构件，室内装修材料宜采用工业化、标准化的部件部品。建筑体型和平面布置应符合国家标准《建筑抗震设计规范》(GB 50011—2010) 关于安全性及抗震性等相关要求。

(一) 模数化

建筑生产现代化一直是我国重要的产业技术政策与发展目标，建筑工业化的基本内容之一就是制定统一的建筑模数和重要的基础标准，合理解决标准化和多样化的关系。《住宅设计规范》(GB 50096—2011) 等技术标准也将"建筑设计标准化、模数化"作为基本原则，以正式条文的方式予以强调。

住宅标准化、量化生产首先不是以整个房屋为单位的，而是表现在对各类房屋构成部品的有机组织上，各个工厂生产的产品之间建立起某种尺寸上的秩序，而这种秩序恰好可以通过传统"模数"概念所具有的"尺寸把控"特征来实现。如果对装配式混凝土构件进行大量生产，就需要按照住房的规格化构成单位——可构成各种形状，可任意组合安装，部品规格统一，在不同建造方式的建筑间具有互换性，不但在规划、设计上获得很大的自由度，还可以实现部品的大量生产。

在现代模数理论中，"模数"一词包含两层含义：一个是"尺寸单位"，是比例尺的比例，其他尺寸数值都是它的倍数，如 M=100 mm；另一个是指形成一组数值群的规则。研究者们曾想用各种数列来表达建筑模数的生成规则，如自然数列、等差数列、等比数列等，多数建筑模数生成规则的提案都是多个数列的复合体。为尺寸单位的模数取值应该足够小，以确保各种用途的小型部品选用中具有必要的灵活性，又应该足够大，可以进一步简化各种大型部品的数目。目前，国际 ISO 模数标准采用的是基本模数 (M)、扩大模数 (6M, 12M) 等差数列的形式。同时，为了不同规模部品选择的方便，对不同种类部品的模数尺寸选择有上下限的推荐。

我国实现建筑产业现代化实际上是实现标准化、工业化和集约化的过程，没有标准化，就没有真正意义上的工业化，而没有系统的模数化的尺寸协调，就不可能实现标准化。

装配式建筑设计应按照建筑模数化要求，采用基本模数或扩大模数的设计方法，建筑设计的模数协调应满足建筑结构体、构件以及部品的整体协调，应优化构件及部品的尺寸与种类，并确定各构件和部品的尺寸位置和边界条件，满足设计、生产与安装等要求。

模数化适用于一般民用与工业建筑，适用于建筑设计中的建筑、结构、设备、电气等工种技术文件及它们之间的尺寸协调原则，以协调各工种之间的尺寸配合，保证模数化部件和设备的应用。同时，也适用于确定建筑中所采用的建筑部件或分部件（设备、固定家具、装饰制品等）需要协调的尺寸，以提供制定建筑中各种部件、设备尺寸协调的原则方法，指导编制建筑各功能部位的分项标准，如厨房、卫生间、隔墙、门窗、楼梯等专项模数协调标准，以制定各种分部件的尺寸、协调关系。

这样可以把各个预制的部件规格化、通用化，使部件适用于常规的建筑，并能满足各种需求。由此该部件就可以进行大量定型的规模化生产，稳定质量，降低成本。通用部件使部件具有互换能力，互换时不受其材料、外形或生产方式的影响，可促进市场的竞争和部件生产水平的提高，适合工业化大生产，简化现场作业。部件的互换性有各种各样的内容，包括年限互换、材料互换、式样互换、安装互换等，实现部件互换的主要条件是确定部件的尺寸和边界条件，使安装部位和被安装部位达到尺寸间的配合。涉及年限互换主要指因为功能和使用要求发生改变，要对空间进行改造利用时，或者某些部件已经达到使用年限，需要用新的部件进行更换。建筑的模数协调工作涉及各行各业，涉及的部件种类很多，因此，需要共同遵守各项协调原则，制定各种部件或分部件的协调尺寸和约束条件。

部件的尺寸对部件的安装有着重要的意义。在指定领域中，部件基准面之间的距离，可采用标志尺寸、制作尺寸和实际尺寸来表示，对应部件的基准面、制作面和实际面。部件预先假设的制作完毕后的面称为制作面，部件实际制作完成的面称为实际面。

（二）功能模块

模块化是工业体系的设计方法，是标准化形式的一种。模块是构成系统的单元，也是一种能够独立存在的由一组零件组装而成的部件级单元。它可以组合成一个系统，也可以作为一个单元从系统中拆卸、取出和更替。

装配式建筑平面与空间设计宜采用模块化方法，可在模数协调的基础上以建筑单元或套型等为单位进行设计。设计宜结合功能需求，优先选用大空间布置方式；应满足工业化生产的要求，平面宜简单、规整；宜将设备空间集中布置，应结合功能和管线要求合理确定管道井的位置。设备管线的布置应集中紧凑、合理使用空间；竖向管线等宜集中设置；集中管井宜设置在共用空间部位。模块化设计原理的基础就是建筑的功能分区，在功能分区的基础上进行模块设计。如框架建筑的功能属性不同势必产生不同形式的功能分区，进而产生不同的模块形态和整体建筑形态。

建筑工业化中的标准模块主要包括楼梯、卫生间、楼板、墙板、管弄井、使用空间等。模块化设计能够将预制产品进行成一系列的设计，形成鲜明的套系感和空间特征，使之具有系列化、标准化、模数化和多样化的特点，利于设计作品的后期衍生品系列化开发；标准化的组件，使得产品可以进行高效率的流水生产，节省开发和生产成本；各模块间存在特定的模数化的数字关系，可以组合成需要的多样化的形态模式。各个模块之间具有通用关系，模块单体在不同的情况下可能充当不同的角色，形成不同套系的部品、部件以及标准房型等。系列化的建筑部品是同一系列的产品，具有相同功能、相同原理方案、基本相同的加工工艺的特点。不同尺寸的一组部品系列产品之间相应的尺寸参数、性能指标应具有一定的相比性，重复越多对工业化的批量生产越有利，同时也能大幅降低成本。

三、集成化设计

集成化设计就是装配式建筑应按照建筑、结构、设备和内装一体化设计原则，并以集成化的建筑体系和构件部品为基础进行综合设计。建筑内装设计与建筑结构、机电设备系统形成有机配合是形成高性能品质建筑的关键，而在装配式建筑中还应充分考虑装配式结构体的特点，利用信息化技术手段实现各专业间的协同配合设计。

装配式建筑应通过集成化设计实现集成技术应用，如建筑结构与部品部件装配集成技术、建筑结构体与机电设备一体化设计采用管线与结构分离等系统集成技术；机电设备管线系统采用集中布置，管线及点位预留、预埋到位的集成化技术等。装配式建筑集成化设计有利于技术系统的整合优化，有利于施工建造工法的相互衔接，有利于提高生产效率和建筑质量及性能。

当前，传统建筑内装方式不仅对建筑结构体造成破坏，还成为装配式建筑的发展瓶颈。采用建筑内装体、管线设备与建筑结构体分离的方式已成为提高建筑寿命、保障建筑的品质和产品灵活适应性的有效途径。装配式建筑应从建筑工业化生产方式出发，结合工业化建造的产业链特征，做好建筑设计、构件生产、装配施工、运营维护等综合性集成化设计。

建筑信息模型技术是装配式建筑建造过程的重要手段，通过信息数据平台管理系统将设计、生产、施工、物流和运营管理等各环节连接为一体化管理，共享信息数据、资源协同、组织决策管理系统，对提高工程建设各阶段、各专业之间协同配合、效率和质量，以及一体化管理水平具有重要作用。

目前，在装配式建筑的前期策划中，可使用 BIM 软件进行建模，以确保构件及部品信息的正确性和完整性，有利于装配式建筑全过程的精确设计，通过使用 BIM 技术，既可以为方案设计提供各种建筑性能分析，如日照分析、风环境分析、采光分析、噪声分析、温度分析、景观可视度分析等，也有利于装配集成技术选择与确定。结合 BIM 应用，对建筑主体构件与部品进行拆分，提高构件和部品的标准性、通用性，并合理控制建设成本等。在扩初设计和施工图设计中，BIM 数据模型可保证数据的收集和计算，从而得出准确的预制率，最终通过模型生成的图纸确保其图纸的正确性；在构件加工阶段，BIM 信息传递的准确性和时效性使构件达到精确生产；在现场安装中，BIM 可以模拟施工过程，起到指导施工、控制施工进度的作用；在后期运营维护中，BIM 信息数据支持可降低运维成本。

第二节　装配式混凝土建筑设计要点

一、总平面设计

在装配式建筑的规划设计中，由于不同于以往的施工方式，需要较大场地堆放预制的各种结构构件及部品部件。在施工场地布置前，还应进行起重机械选型定位，根据起重机械布局，合理规划场内运输道路，并根据起重机械以及运输道路的相对关系最终确定各堆场位置。在设计时应考虑可能布置的堆场范围对地下室结构的影响，应和工程完工工况相结合，考虑如何将绿化覆土荷载、消防车道荷载等重载区相结合布置，充分考虑其结构经济性。

在规划阶段总图中应考虑临时堆放场地的预留，根据构件属性不同分为承重构件、非承重构件、隔墙等构部件，预留场地可与今后场地铺装和绿化相结合。在该场地内，构件堆放场地的设计应满足构件进场便利，吊装的安全以及经济性，保证一定周期内（如吊装建筑的一层所需全部构件）构件存放空间充足，按序吊装，吊装一次起落到位（不重复起降）等要求。构件存放场地应具有一定承载力，保证构件在堆放期间受力均匀。构件存放场地的硬质铺装应便于拆除和重复利用，有利于施工完成后将此处改为绿地、广场或其他用地。构件存放场地的位置和具体尺寸的确定根据基地条件而定，当前确定构件堆放场地的工作多由施工单位来做详细布置，随着 BIM 技术在装配式建筑设计阶段的应用，建筑设计专业也逐渐做到了施工模拟的全周期演示。

此外，还应考虑构件生产及运输的条件，选址距预制构件厂运输距离应较近，而且要有适宜构件运输的交通条件。

二、平面设计

装配式建筑的发展应适应建筑功能和性能的要求，建筑设计须满足功能需求，且宜选用结构规整大空间的平面布局，并遵循标准化设计、模数协调、构件工厂化加工制作、专业化施工安装的指导原则。标准化程度较高的建筑平面与空间设计宜采用标准化与模块化方法，可以在模数协调的基础上以建筑单元或套型等为单位进行设计，合理布置承重墙、柱等承重构件及管井的位置。设备管线的布置应集中紧凑、合理使用空间。竖向管线等宜集中设置，集中管井宜设置在共用空间部位，对建筑的标准化程度要求比较高。在满足建筑使用空间的灵活性、舒适性的前提下，主体结构布置宜简单、规整，考虑承重墙体上下对应贯通，突出部分不宜过大，平面凹凸变化不宜过多、过深，应控制建筑的体形系数，建筑平面尽量规整。确保产品尺寸规格的标准化、模数化，这样易于产品在流水线上生产，最终实现预制构件工厂化大规模生产。

装配式住宅建筑设计较易实现开敞、规整的建筑空间，结合这一装配式建筑工业化的特点，从居住者家庭的全生命周期角度出发，套型宜采用可变性高的大空间结构体系，合理布置承重墙及管井等位置，提高内部空间的灵活性与舒适性，套型内部空间采用可实现空间灵活分割的装配式隔墙体系，方便居住空间的改造，满足不同住户对于空间的多样化需求和居住者的舒适性要求，提高建筑的可持续性。

在建筑全生命周期中，势必出现家庭人员组成结构调整的情况，我国的家庭生命周期大概有 50 年的时间，在家庭形成期（5 年左右），年轻夫妻可考虑 1 ~ 2 个居室空间，满足 2 个人的基本居住要求。在家庭发展时期（10 年左右），随着孩子的出生和长大，内部空间可以实现重新分割，满足 3 个居室的基本居住要求。因此，我们一般考虑家庭组成由两人世界的夫妻家庭、夫妇带一个或两个子女的核心家庭，以及夫妇带一个子女及两个老人的三代人口的主干家庭及适老性住宅等基本情况。对适老性住宅的空间进行针对性的、合理的设计。介助式适老住宅主要针对生理机能衰退，行动迟缓，但有一定行动能力的老人。在空间设计上尤为注意老年人的神经系统、运动系统、免疫系统的退化。设计上考虑开关的位置、窗台标高降低、设置导轨辅助搬运老人、地面无高差等细节。介护式适老住宅主要针对基本丧失自主行动能力的老人。应考虑设置一定的护理人员的配置，设置紧急报警按钮及拉绳等。

三、立面设计

（一）外墙一体化设计

装配式建筑的围护结构应根据主体结构形式和地域气候特征等要求，合理选择并确定其装配程度和围护结构的种类。钢筋混凝土结构预制外墙应考虑外立面分格、饰面颜色与材料质感等细部设计要求，满足建筑外立面多样化和经济美观的要求。钢筋混凝土结构预制外墙设计应采用高耐久性的建筑材料，应符合模数化设计、工厂化生产的要求，便于施工安装。

外墙一体化就是将外墙抹灰、防水、保温隔热、装饰等功能集成到一个分项工程。由一个分项工程一次性施工，即完成外墙防水、保温隔热、装饰等全部功能，这样许多材料就可在厂里完成预制，从而减少人工误差和现场施工材料的浪费，提升建筑品质，同时可以大幅度缩减施工工期，更有效地降低综合成本，实现工厂制造一体化和拼装一体化。

装配式混凝土结构预制外墙板的接缝、门窗洞口等设计应结合工程、材料、构造及施工条件进行综合考虑，满足结构、热工、防水、防火、耐久性及建筑装饰等要求。装配式建筑外墙板的接缝等防水薄弱部位设计应采用材料防水、构造防水和结构防水相结合的做法。装配式建筑外墙外饰面及门窗框宜在工厂加工完成，钢筋混凝土结构预制外墙的面砖饰面可在工厂预制，不应采用后贴面砖、后挂石材的工艺和方法。钢筋混凝土结构预制外墙应满足建筑防火要求，与梁、板、柱相连处的填充材料宜选用不燃材料。

以非承重构件外挂墙板为例，外挂墙板是指起围护、装饰作用的非承重预制混凝土墙板，通常采用预埋件或留出钢筋与主体结构实现连接。应满足主体结构层间位移的要求，连接可靠，连接件满足耐久性要求。装配式建筑外墙的门窗应采用规格尺寸标准化的系列产品。装配式建筑门窗应与外墙可靠连接，采用密封胶密封，确保接缝处不渗水。

对于传统的现浇混凝土结构来说，外围护墙在主体结构完成后采用砌块砌筑，这种墙也被称作二次墙。为了加快施工进度、缩短工期，将外围护墙改成钢筋混凝土墙，将墙体进行合理分割及设计后，在工厂预制，再运至现场进行安装，实现了外围护墙与主体结构的同时施工。

预制外挂墙板通常为单层的预制混凝土板。根据需要，有时需要将保温板置入混凝板内并整体预制，这样便形成了两侧为预制混凝土板、中间为保温层的预制夹芯墙板，两侧的预制混凝土板通过连接件连接，这种板也被称作三明治板。

此外，对于预制外墙的饰面而言，宜采用装饰混凝土、涂料、面砖、石材等耐久、不易污染的材料，考虑外立面分格、饰面颜色与材料质感等细部设计要求，并体现装配式建筑立面造型的特点。

装饰混凝土结合装饰与功能，充分利用混凝土的可塑性等特点，在装配式外墙和构件成型的时候采取适当的措施，使其表面具有装饰性的线条、图案、纹理、质感及色彩等，满足建筑在立面个性化和装饰等方面的要求，具有耐久性好、灵活性强、性价比高和装饰效果好等特点。

建筑外墙装饰构件宜结合外墙板整体设计，应注意独立的装饰构件与外墙板连接处的构造，满足安全、防水及热工设计等的要求。预制外墙的面砖或石材饰面宜在构件厂采用反打或其他工厂预制工艺完成，不宜采用后贴面砖、后挂石材的工艺和方法。预制外墙使用装饰混凝土饰面时，设计人员应在构件生产前确认构件样品的表面颜色、质感、图案等要求。

(二) 表现与风格

目前，我国装配式混凝土建筑细部更注重功能性细部与结构构件细部的处理。在现有装配式混凝土建筑中，装饰性细部构件的设计仍有较大的提升空间。因此，应以技术创新为基点，丰富装配式混凝土建筑的立面表现，对装配式混凝土建筑的结构性能、现场装配方法、预制化生产方式等方面进行研究，从设计院图纸到建筑工厂半成品再到现场装配完成的流程进行统一调控。

装配式混凝土建筑结合自身特点，可以从以下三个方面发展：

第一，表现重复主题及韵律美。装配式混凝土建筑的各个构部件具有标准化和系列化的特点，这正是工业化可以批量生产的特征之一。

第二，重视连接节点的设计。经过千百年的岁月洗礼，在古典建筑中建筑构件之间应有的连接节点都已退化成难以看出本源的装饰。如西方古典建筑中模仿忍冬草的科林斯柱头、模仿檩条的檐口齿状花纹；中国传统建筑中退化为装饰构件的斗拱、雀替等。装配式混凝土建筑的构件连接是出于预制构件进行装配的功能性要求，它的表现具有特有的结构之美。混凝土预制构件在连接处往往需要加大尺寸，并设了企口和榫卯，表达了构件之间的构成组合以及力的传递关系，成为现代建筑师表现装配式混凝土建筑的符号。

第三，新的建筑围护材料。现在复合型的工业化围护材料转变了建筑师对材料表达方面的建构观念。无论是起支撑作用的围护墙板，还是纯粹的围护墙保温表皮，建筑的工业化都能提供起装饰、保温或结构作用的材料生产预制墙板产品，这种外围护结构的处理成为符合工业化建筑特点的基本建构原则。

四、建筑部品部件设计

建筑部品部件是具有相对独立功能的建筑产品，是建筑材料、单项产品构成的部件、构件的总称，是构成成套技术和建筑体系的基础。部品集成是多个小部品集成单个大部品的过程，大部品可通过小部品不同的排列组合增加自身的自由度和多样性。部品的集成化不仅可以实现标准化和多样化的统一，也可以带动住宅建设技术的集成。

建筑部品是直接构成装配式建筑成品的最基本组成部分，建筑部品的主要特征首先体现在标准化、系列化、规模化生产，并向通用化方向发展；其次建筑部品通过材料制品、施工机具、技术文件配套，形成成套技术。

建筑部品化是建筑的一个非常重要的发展趋势，是建筑产品标准化生产的成熟阶段。今后的建筑会改变以现场为中心进行加工生产的局面，逐步采用大量工厂化生产的标准化部品进行现场组装作业。如经过整体设计、配套生产、组装完善的整体厨卫产品、在工厂加工制作完成的门窗等。

相对于建筑部品而言，建筑部件由若干装配在一起的建筑配件（扶手、栏板、栏杆等）所组成，这些建筑配件先被装配成部件，然后再进入总装配。

采用装配式内装有五个突出的优势：第一，保障质量。部品在工厂制作，且工地现场采用干式作业，可以最大限度保证产品质量和性能；第二，减少成本。提高劳动生产率，节省大量人工费用和管理费用，大幅缩短开发周期，具有显著的综合效益，从而降低住宅生产成本；第三，节能环保。减少木材等原材料的浪费，施工现场大部分为干法施工，噪声、粉尘及建筑垃圾等污染大大减少；第四，便于维护。降低了后期的运营维护的难度，为部品更新及变化创造了可能性，实现建筑的可持续发展；第五，集成部品。装配式的部品部件可实现工业化的生产，采用通用的部品部件，并有效解决施工现场的尺寸误差和模数接口等问题。

装配式建筑部品部件分类：

（一）楼板设计

装配式剪力墙建筑楼板宜采用规整统一的预制楼板，预制楼板宜做到标准化、模数化，尽量减少板型，节约造价。大尺寸的楼板能节省工时，提高效率，但要考虑运输、吊装和实际结构条件。需要降板的房间（厨房、卫生间等）的位置及降板范围，应结合结构的板跨、设备管线等因素进行设计，并为使用空间的自由分隔留有余地。连接节点的构造设计应分别满足结构、热工、防水、防火、保温、隔热、隔声及建筑造型设计等要求。预制楼板分为空心楼板、叠合楼板两种形式。

对于空心楼板而言，水电管线可布置于空心楼板的空心孔洞之中。空心楼板的构造对上下层间的建筑隔声十分有利。

对于叠合楼板而言，结构预制叠合层厚度一般为 60 ~ 70 mm，电气专业在叠合层内进行预埋管线布线，要保证叠合层内预埋电管布线的合理性，保证施工质量。叠合板由预制部分和现浇部分组成，预制部分厚度一般不低于 60 mm，现浇部分考虑设备管线的敷设，厚度一般不低于 80 mm。暖通空调专业的给水、暖管、太阳能等一般布置在建筑垫层中，设计要通过管线综合配置，保证管线布置的合理、经济和安全可靠。

(二) 内隔断

装配式隔墙系统空间布局灵活，不受结构体制约，重量轻，易于拆改、后期维修、改造，施工速度快，质量易于控制，利于干法施工，垃圾产生量少，有利于施工过程中的节能环保。

装配式建筑内隔墙宜采用工厂生产的轻质隔墙系统，应根据《民用建筑隔声设计规范》(GB 50118—2010) 中不同类型建筑和使用功能控制装配式建筑中噪声的影响，对其架空层内敷设电气管线。隔墙设计应满足防火、防水、防护和隔声要求。装配式内隔墙应考虑固定物件、固定装饰材料的要求，其位置和承载力应符合安装要求。钢筋混凝土叠合板、压型钢板叠合板楼盖下方的居住空间宜设置吊顶，其吊顶空间内可敷设电气管线。厨房、卫生间的吊顶宜设置检修口。

1. 轻钢龙骨板材隔墙

轻钢龙骨板材隔墙是装配式住宅建筑常用内隔墙系统之一。轻钢龙骨板材隔墙是以轻钢龙骨为骨架，管线宜隐藏于龙骨中的空腔内，内填岩棉的隔墙体系。轻钢龙骨板材隔墙应满足非承重墙在构造与固定方面的设计要求，轻钢龙骨、纸面石膏板的外观质量应满足国家相关规范的要求。为了确保隔音及减震性能要求，可以加大预制墙板内的填充物密度、厚度及纸面石膏板层数，或做双层墙板。隔墙的连接部应加强隔音措施，配电箱、弱电箱等开洞较大的箱体不宜设置在钢龙骨板材隔墙范围。钢龙骨板材隔墙应对照建筑、装修图纸及水电进行优化与深化，重点确定龙骨位置、水电点位、洞口设置、轻质墙与结构墙、梁的交接位置等。

2. 轻质条板内隔墙

轻质条板内隔墙常见的形式有五种，分别是玻璃增强水泥条板、纤维增强石膏板条板、轻集料混凝土条板、硅镁加气水泥条板和粉煤灰泡沫水泥条板。条板内隔墙适用于上下墙有结构梁板支撑的内隔墙，结构体(梁、板、柱、墙)之间应采用镀锌钢板卡固定，连接缝之间采用各种类型条板配套的黏结剂填塞。

3. 钢丝网架水泥夹芯板墙(简称"板墙")

钢丝网架水泥夹芯板墙包括钢丝网架水泥聚苯乙烯夹芯板墙、钢丝网架水泥珍珠岩夹芯板墙。板墙是由三维空间焊接的钢丝网架和内填阻燃型聚苯乙烯泡沫板构成的网架板，经现场安装后在芯板两面分别喷抹水泥砂浆后形成的构件。板墙的钢丝网架可以是之字形桁条与芯材相间叠装加成坯板，然后在坯板两侧焊上相应的横丝，形成整体的夹芯板，也可以是两片平行焊接的钢丝网片中间填放芯材，再穿斜丝与钢丝网片焊接成整体的夹芯板。

4. 石膏砌块内隔墙

石膏砌块是以建筑石膏为原料，经加水搅拌，浇注成型和干燥而制成的轻质建筑石膏制品。生产工艺采用工业化生产以保证产品质量。在生产过程中可以加入各种轻集料、填充料、纤维增强材料、发泡剂等材料。

5. 活动家具部品

目前的活动家具除传统的玄关柜、博古架、书柜、矮柜、沙发、电视柜、餐桌、酒柜、衣柜、梳妆台等底部安装弹簧铰链、万向轮、轨道之外，还有可折叠的沙发、可翻转的床、垂直升降的储物柜等，更有个性化的定制家具，在很大程度上为住宅空间可变性提供了多种实现方法。

对室内隔墙的设计应分别满足住宅建筑隔声性能和防火要求；室内分室墙宜采用轻质隔墙，构造设计应满足防火和隔声要求；用作厨房及卫生间等潮湿房间的分隔墙应满足防水、防火要求，并加强与主体结构的连接。

(三) 楼梯

楼梯梯段宽度在防火规范中是以每股人流为 0.55 m 计算，并规定按两股人流最小宽度不应小于 1.10 m，尤其是人员密集的公共建筑 (商场、剧场、体育馆等) 主要楼梯应考虑多股人流通行，使垂直交通不造成拥挤和阻塞现象。此外，人流宽度按 0.55 m 计算是最小值，实际上人体在行走中有一定摆幅和相互间空隙，因此本条规定每股人流为 0.55 m＋(0～0.15) m，0～0.15 m 即为人流众多时的附加值，单人行走楼梯梯段宽度还需要适当加大。

梯段改变方向时，扶手转向端处的平台最小宽度不应小于梯段宽度，并不得小于 1.20 m。由于建筑竖向处理和楼梯做法变化，楼梯平台上部及下部净高不一定与各层净高一致，此时其净高不应小于 2 m，使人行进时不碰头。梯段净高一般应满足人在楼梯上伸直手臂向上旋升时手指刚触及上方突出物下缘一点为限，梯段净高宜为 2.20 m。楼梯栏杆应采取不易攀登的构造，一般做垂直杆件，其净距不应大于 0.11 m (少儿头部宽度)，防止穿越坠落。

在现浇施工过程中，混凝土楼梯是施工工序较复杂的一个环节，易出现施工质量问题，因此将楼梯在工厂进行预制能够规避这一施工短板，有效提高生产效率和质量。楼梯同样应按标准化、模数化、系列化的原则进行设计，依据模数协调的优选尺寸进行选择。

清水混凝土预制楼梯，特别能体现出工厂化预制的便捷、高效、优质、节约的特点。楼梯有两跑楼梯和单跑剪刀楼梯等不同的形式，可采用的预制构件包括梯板、梯梁、平台板和防火分隔板等。预制平台应符合叠合楼盖的设计要求，预制楼梯宜采用清水混凝土饰面，应采取措施加强成品的饰面保护。预制楼梯构件应考虑楼梯梯段板的吊装、运输的临时结构支点，同时应考虑楼梯安装完成后的安装扶手所需要的预埋件。楼梯踏步的防滑条，梯段下部的滴水线等细部构造应在工厂预制时一次成型，不仅节约人工、材料和便于后期维护，还可节能增效。

(四) 阳台、空调板

阳台、空调板等突出外墙的装饰和功能构件作为建筑室内外过渡的桥梁，是住宅、旅馆等建筑中不可忽视的一部分。传统阳台结构，大部分为挑梁式、挑板式现浇钢筋混凝土结构，现场施工量较大，施工工期较长。对于装配式建筑中的阳台、空调板等构件在工厂进行预制，作为系统集成以及技术配套整体部件，运至施工现场进行组装，施工迅速，可大大提高生产效率，保证工程质量。此外，预制阳台、空调板等表面效果可以和模具表面一样平整或者有凹凸的效果，且地面坡度和排水沟也在工厂预制完成。

五、整体厨房、整体卫生间

(一) 厨房

整体厨房是装配式住宅建筑内装部品中工业化技术的核心部品，应满足工业化生产及安装要求，与建筑结构体一体化设计、同步施工。这些模块化的部品，整体制作和加工全部实现工厂化，在工厂加工完成后运至现场可以用模块化的方式拼装完成，便于集成化建造。住宅厨房上下宜相邻布置，便于集中设置竖向管线、竖向通风道或机械通风装置，厨房应考虑和主体建筑的构造结构、机电管线接口的标准化。

整体厨房内部空间依据相关规定设计，住宅厨房平面功能分区宜合理，符合建筑模数要求。上下宜相邻布置，便于集中设置竖向管线、竖向通风道或机械通风装置。

(二) 卫生间

住宅卫生间平面功能分区宜合理，符合建筑模数要求。住宅卫生间上下宜相邻布置，便于集中设置竖向管线、竖向通风道或机械通风装置。同层给排水管线、通风管线和电气管线等的连接，均应在设计预留的空间内安装完成。整体卫浴地面完成高度应低于套内地面完成面高度。整体卫浴应在与给水排水、电气等系统预留的接口连接处设置检修口。

对于公共建筑的卫生间，宜采用模块化、标准化的整体公共卫生间。卫生间 (公共卫生间和住宅卫生间) 通过架设架空地板或设置局部降板，将户内的排水横管和排水支管敷设于住户自有空间内，实现同层排水和干式架空。以避免传统集合式住宅排水管线穿越楼板造成的房屋产权分界不明晰、噪声干扰、渗漏隐患、空间局限等问题。

　　住宅卫生间上下宜相邻布置，便于集中设置竖向管线、竖向通风道或机械通风装置。

第三节　装配式混凝土建筑设备及管线设计

一、一般规定

　　设备及管线设计应满足施工和维护的方便性，且在维修更换时不影响建筑结构体寿命和强度。装配式建筑的给排水、供暖、通风、空调和电气等系统及管线应进行综合设计，管线平面布置应避免交叉，竖向管线应相对集中布置。

　　设备管线及各种接口应采用标准化产品。预制结构构件中应尽量减少穿洞，如必须预留，则应预留孔洞位置并遵守结构设计模数网格规定。集中管道井的设置及检修口尺寸应符合管道检修、更换的空间要求。

　　通过装配式结构与装修设计的产业化集成，建立装配式建筑产业化体系。实现装配式建筑功能、安全、美观和经济性的统一。对装修的建筑部品部件进行模数协调和规模化生产，通过部品的标准化、系列化、配套化实现内装部品、厨卫部品、设备部品和智能化部品的产业化集成。

二、给排水系统

　　装配式住宅建筑的给排水管道应贯彻竖向管道集中，尽可能遵守套内的横向管道不穿越楼板的原则。套内排水管线应采用同层排水敷设方式，管线不应穿越楼板进入其他住户套内空间。同层排水指排水横支管布置排水层，器具排水管不穿楼层的排水方式。可保证上层住户的管道维修、地面渗漏水不影响下层住户。

　　相对于传统的隔层排水处理方式，同层排水方案最根本的理念是通过本层内的管道合理布局，同层排水系统指在建筑排水系统中，器具排水管和排水支管不穿越本层结构楼板到下层空间，与卫生器具同层敷设并接入排水立管的排水系统，器具排水管和排水支管沿墙体敷设或敷设在本层结构楼板和最终装饰地面之间。彻底摆脱了相邻楼层间的束缚，避免了排水横管侵占下层空间而造成的一系列麻烦和隐患，包括产权不明晰、噪声干扰、渗漏隐患、空间局限等，同时，摆脱了楼板上卫生器具排水管道预留孔的束缚，使用户卫生间个性化布置的实现空间得到扩大。

当前我国的集合住宅，套内排水系统与管线设计多采用排水立管竖向穿越楼板的布线方式，不仅不方便维修，还存在产权不清和漏水通病等突出问题。

同层排水技术目前在国内基本上分为侧墙式同层排水技术、以我国降板（局部降板）形式为主要特点的同层排水技术、以排水汇集器等专用排水附件为核心的同层排水技术、外墙式安装系统同层排水技术四种形式。

侧墙式同层排水技术，卫生器具采用后排水方式，将大便器的水箱、排水管道及配件敷设在卫生器具后面的设备夹墙内，同时将器具排水管和排水支管安装在内。坐便器、洗手盆卫生洁具依靠一体化安装支架安装在夹墙内，支架的强度、工业化程度高。

由于卫生洁具不受楼层预留孔的限制，同时不设降板层，可在较大区域内实现自由布局；避免了上下卫生间必须对齐的尴尬，使得卫生间的布置设计空间大大提高，同时，不到顶的夹墙设计给卫生间的置物空间带来新的变化，使卫生间的立面更加活泼、多变。卫生洁具采用悬挂式安装，卫生间地面无死角，便于清扫。卫生间楼板不被卫生器具管道穿越，不仅减小了渗漏水的概率，也能有效地防止疾病的传播。

采用公共管井同层排水时，协调厨房和卫生间位置、给排水管道位置和走向，宜使其距离公共管井较近，并合理确定降板高度。为了满足管线的定期检修以及更换的需要，应在给水分水器及排水接头处设置地面检修口或墙面检修口，保障设备管线的正常使用。

卫生间洁具的布置位置应依据建筑模数确定。各洁具的给排水点位相对洁具本身的定位是固定的，无论洁具放置何处，给排水点位都可固定并计算出来。埋地给水管道应尽可能避免穿入承重墙，宜经过房间门口地面伸到另一房间，减少管线交叉。在整体装配式剪力墙结构住宅中的洁具布置宜尽可能避免靠外墙安装，减少外墙上的支架预埋和预留开槽。

套内接口标准化是指对套内水、电、气、暖管线系统、内隔墙系统、储藏收纳系统、架空系统之间的连接进行规范和限定，是提高各类部品维修、更换的便捷性和效率，建立工业化部品集成平台的纽带。

三、电气系统

电气管线与建筑结构体分离是装配式住宅设备与管线设计的一个重要部分。目前，越来越多的电气系统在建筑中应用，使电气管线施工逐渐呈现出线路多、点数密、交叉大等特点，国内传统设计方法在土建施工过程中将各类电气管线暗敷在结构楼板或墙体内，电气管线的更换与检修成为建筑后期使用的一个突出问题。为使设备电气管线的安装、检查、修补及替换与建筑结构体相分离，宜将套内电气管线布置在地板、吊顶及隔墙的架空层内，协调其架空层的高度或走向，使设备管线的敷设灵活，日常的维修和更换便捷。

电气设计、精装修设计须与结构专业紧密配合，使电气预埋盒在满足使用要求的同时布置在结构钢筋网格内，达到结构安全要求。预制墙板详图上需要确定插座、电气开关、弱电插座以及接线盒的精确位置，需在工厂制作预制墙体时进行预埋。

凡在装配整体式剪力墙结构预制叠合楼盖内预埋的高桩灯头接线盒，需将预埋定位提供给结构专业，由结构绘制在叠合板详图上，此灯头盒一旦漏埋，管线就需要在预制楼板上打孔，影响结构安全，应严禁此种做法。叠合层现浇部分厚度为 60 ~ 70 mm，电气专业沿楼板暗敷设的高度为 70 ~ 80 mm，电气设计方案将大量进出管的配电箱、弱电箱分开布置，避免管线集中交叉；施工前，要求施工单位进行电气布管模拟排布深化设计，将管线敷设路合理分配，且确保在同一地点仅能允许 2 根管线交叉；金属管材选用有利于交叉敷设的可烧金属管。

在预制墙体或叠合楼板内预埋的接线盒、灯头盒、管路上下部应留有与现绕电气线路连接的接线空间，便于施工时的接管操作，并要求施工单位严格遵循电气管路施工要求，确保施工质量。

四、暖通系统

传统的湿式铺法地暖系统，楼板荷载较大，施工工艺复杂，管道损坏后无法更换。工厂化生产的装配式干式地暖系统具有温度提升快、施工工期短、楼板负载小、易于日后维修和改造等优点。

干式地板供暖区别于传统的混凝土埋入式地板供暖系统，目前常见的有两种模式：一种是预制轻薄型地板供暖面板，是由保温基板、塑料加热管、铝箔、龙骨和二次分集水器等组成的地暖系统；另一种是现场铺装模式，在传统湿法地暖做法的基础上作出改良，无混凝土垫层施工工序，施工为干式作业。

预制保温外墙的传热系数需进行计算，尤其要注意现浇楼板处的保温与预制外墙的热桥处理，满足其所在地区的节能规定限值，根据计算结果确定保温层的厚度。在整体装配式剪力墙结构住宅中宜尽可能采用地板辐射采暖系统，不采用散热器系统，减少预制外墙上的预埋件。如需采用散热器系统，应尽可能将散热器布置在非预制内墙上。

地板采暖系统的分集水器安装位置宜在户门附近，靠非预制内墙安装。采暖地埋管应尽可能避免穿入承重墙，宜经过房间门口地面铺到另一房间，尽可能减少地埋管交叉。当必须穿入承重墙时需与结构专业配合留洞。预制外墙上应预留空调冷媒管的孔洞，孔洞位置应考虑模数。孔洞直径为 75 mm，挂墙安装的孔洞高度为距地 2200 mm，落地安装的孔洞高度为距地 150 mm。

第四节　装配式混凝土外墙防水技术

一、外墙防水技术概述

装配式混凝土建筑相对传统建筑中的易渗漏部位，室内较稳定的生产环境、科学的生产周期、统一的制造标准与现代化的工艺流程等都能有效保证混凝土墙体的质量而避免墙体裂缝，控制填充墙体与主体结构间的接触面而减少拼缝，提供成品饰面层或平整的基层而避免空鼓，厂内安装预埋件及穿墙套管等而降低现场施工带来的渗漏风险，提高构件精度而规避因尺寸差异、安装变形等带来的门窗部位渗漏。另外，无外架的施工方式杜绝了因墙体预留施工孔洞带来渗漏的可能，同时也降低了后续工序从室外面对外墙防水破坏的可能。预埋机电管线的预制混凝土外墙，结合全装修商品住宅的推广，能明显降低装修带来的外墙渗漏隐患。

二、外墙防水关键技术措施

建筑外墙防水采用墙面整体防水方式和节点构造防水措施涵盖外墙防水工程的构造、防水层材料的选择、节点的密封防水构造等三个方面。装配式外墙工厂化生产，基层平整，其墙面整体防水方式同传统建筑，采用防水砂浆、防水涂料或防水透气膜，工厂整体成型或现场分步施做。对于有缝隙或易产生缝隙的节点区域，是防水设计的重点，如装配式外墙板接缝是材料干缩、温度变形、施工误差的集中点。通常，装配式外墙板接缝分为预制构件与现浇部分间的接缝、预制构件间的接缝。前者常采用密封材料处理的封闭式接缝设计，后者采用封闭式接缝与开放式接缝两种形式。

(一) 外墙接缝部位和要求

外墙缝隙易出现在预制构件与现浇构件间、预制构件与预制构件间、门窗洞口、雨篷、阳台、空调支架、穿墙管道、女儿墙压顶、变形缝、外墙预埋件等交接部位。其中，预制构件与现浇构件间、预制构件间的缝隙是工业化住宅装配式外墙体系的特有部位；门窗洞口则基于装配式工艺特点采用预装与后装两种不同方式形成不同的缝隙；外墙接缝必须具有不让雨水渗入室内、吸收或减缓施加于部件上的位移、保护建筑物内部的结构体不受火灾的侵害等一系列性能。

1. 不发生漏水——水密性能

因建筑物内外的气压差 (压力差)、因重力而形成的向下流入的毛细管现象、乘着间隙中的空气流动而移动等，由这些水的移动力会造成雨水向室内渗入。而所谓水密性能则是阻止这些雨水向室内的渗入的性能。漏水现象是在同时具备了有水、有间隙、有移动水三大条件时而产生的。因此，上述条件缺其一就不会发生漏水。

2. 不束缚部件的变动——层间位移的跟随性能

建筑物因风和地震会发生层间位移，作为与层间位移同样运动的还有部件的热收缩，层间位移的跟随性能主要是对该建筑物的层间产生的相对位移予以吸收的性能。通过 PCA 部件的旋转 (同步) 和层间外形上的移动 (摇动) 等吸收层间位移。该旋转和移动的运动，通过部件间的接缝作为部件间的相对位移而吸收。

3. 防止火势蔓延——耐火性能

通常，外墙部位须具有 1 h 的耐火性能，该外墙所需的耐火性能作为外墙壁面包含了接缝部位的性能。因此，通常使用具有耐火性能的密封垫，或在部件接缝间填入耐火接缝材料。

4. 防止老化——耐候性能

外墙直接面临外部环境，直接、反复受太阳光的热和紫外线、雨和风等自然环境的影响。接缝部分基本裸露于大气中，而且部件间的接缝处使用易受紫外线老化影响的有机类材料的情况较多。设计接缝时，必须选择即使在长期裸露状态下也能维持水密性能、美观的材料和施工方法。

5. 其他性能

外墙接缝除上述性能外，还需具备与外墙板主体同等的气密性、隔音性、隔热性、耐风压性、耐污染性等性能，以及维护管理的便利性，再加之成本等因素，加以充分研究。

（二）装配式外墙封闭式接缝防水设计

封闭式接缝是用不定型密封材料来填充缝隙，保持气密性和水密性的方法。在正确的施工下，不定型密封材料可以同时保证水密性和气密性，根据现场施工误差等状况实现富有灵活性的施工，因此得到广泛使用。

封闭式接缝采用以材料防水"堵"为主、构造防水"导"为辅的设计原则，外墙防水性能与密封材料的性能及耐久度直接相关，需要定期维修，也是国内目前常用的一种接缝防水方式。一般来说，预制外墙板的接缝在进行封闭式接缝做法时，采用有构造防水的双密封接缝做法，一次密封为不定型密封胶接缝，二次密封为定型密封垫接缝。同时，在接缝内增设通往外部的排水设施。

预制构件间的封闭式接缝迎水面是通过填充不定型密封材料（一次密封），使其密闭构成防水层。但长时间的紫外线和光热引起的物理性老化会导致密封材料开裂。因此，常在接缝室内侧通过定型密封材料（二次密封）设置防水层，构成双密封方式。同时，水平接缝腔体内常采用企口或高低台构造。当一次密封开裂，水渗入接缝内部时，为防止漏水滞留并进入室内，应在构造腔体内设计排水路线，并设置排水沟槽。

(三) 装配式外墙开放式接缝防水设计

开放式接缝采用以构造防水"导"为主、材料防水"堵"为辅的设计方式，适用于高层建筑材料相同、防水走向连续清晰的墙面，耐久度高，但开放式接缝的施工方法是一种系统的施工方法，对于设计和施工安装精度及能力要求高，如果没有把建筑的设计到施工过程全部考虑在内，反而有可能增加漏水的危险性。

开放式接缝是一种让建筑外侧处于开放或半开放状态，将建筑内侧进行气密处理，通过等压原理确保水密性和气密性的做法。

(四) 接缝交叉部位的处理

由于相互间的反作用力，密封垫作为成形材料，在板间接缝的交叉部分容易出现变形，外部容易出现孔洞。制造商们虽然对密封垫的交叉部分作出了很多努力，但仍有不完善的地方。特别是单层型密封垫，很容易与相邻密封垫端部发生接触，接触面也会出现孔洞。因此，使用单层型密封垫或固体型密封垫时，最好从里面开始对板间交叉部分进行密封。

完工后再更换接缝密封垫十分困难，所以材料选择和接缝设计时都要考虑无须后续维修这一点。此外，根据板的施工方法不同，密封垫弯曲或接口处可能出现缝隙，为了避免上述情况，需要对密封垫的施工状况进行检查。

(五) 装配式外墙门窗等节点防水设计

工业化生产方式提高了构件的精度和质量，避免了因洞口尺寸差异带来门窗部位的渗漏。目前，装配式外墙门窗安装有以下三种形式：

第一，预制外墙板集成成品门窗工厂内制作 (先装法)。先装法预制率高、整体性好，但运输、施工阶段成品保护难度高，成本高。

第二，预制外墙板集成门窗副框工厂内制作，门窗现场安装 (后装法)。后装法结合副框浇筑生产，与预制墙体一体化，整体性好。

第三，预制外墙板集成门窗预埋件工厂内制作，门窗现场安装 (传统后装法)。现场安装门窗扇体，施工容易，但不同材料的膨胀系数不同，易开裂，更换难度高。传统后装法门窗安装及更换容易实现，但其实施过程易对预制外墙体系造成破坏，需要改进构造设计，防止渗漏。

对于表面水，外窗台通常设置不小于 5% 的外排水坡度，以应对其重力作用。但表面水的排水过程夹杂灰尘等杂质，会污损墙面。因此，常在设计中采用披水板外挑或窗框与外墙完成面外平来避免。为克服水的表面张力，门窗上楣外口或挑出墙面部分在其底部周边设置滴水线。也有项目案例在窗洞周边设计铝板等金属四周整体泛水，在工厂内焊接形成窗套并喷涂，现场安装，形成完整的防水圈。对于接缝部位的防水处理，同传统做法。为应对密封胶破损后渗入水引发的毛细管现象及动能、气流等因素，装配式外墙利用工厂钢模制作条件，在窗洞四周沿室内侧设置泛水，并与预制墙板一体化制作。

将窗下墙体设计制作成斜面，让渗入水能自然排出。

女儿墙与屋顶板结合处防水除采用填缝剂、止水板、披水板之外，还需增加线防水与韧带防水。

目前，对于阳台、空调支架、雨篷等水平构件多采用叠合楼板方式，与外墙板形成的接缝是平缝，一般采用材料防水，即沿阳台、雨罩板的上平缝全长、下平缝两端以及两端立缝用防水密封胶嵌缝。穿墙管道套管工厂内与预制墙板整合或形成独立预制构件、现场浇筑连接，防水处理同封闭式接缝。

第五节　装配式混凝土建筑外墙保温技术

一、外墙保温系统概述

在建筑节能技术中，外围护墙体节能是一个重要的环节，开发和利用外墙保温技术是实现建筑节能的主要途径。目前，按外墙保温材料所处位置的不同，外墙保温的主要类型有外墙外保温、外墙内保温和外墙夹芯保温三种。

外墙保温是指采用一定的固定方式（黏结、机械锚固、黏贴+机械锚固、喷涂、浇注等），把导热系数较低（保温隔热效果较好）的绝热材料与建筑物墙体固定为一体，增加墙体的平均热阻值，从而达到保温或隔热效果的一种工程做法。

近年来，我国的"建筑工业化，住宅产业化"进程明显加快，各地先后建成了一批预制装配式混凝土结构的试点工程，其中绝大多数为住宅项目。

二、外墙保温关键技术措施及节点

(一) 外墙外保温

外墙外保温系统是由保温层、保护层和固定材料 (胶黏剂、锚固件等) 构成，并且适用于安装在外墙外表面的非承重保温构造总成，其中保护层是抹面层和饰面层的总称。外保温系统按照保温材料的形式以及与基层的连接方式大体可以分为：预制保温板粘贴锚固加强型、预制保温板现浇锚固加强型、喷涂或浇筑保温材料锚固加强型和预制保温装饰板粘贴锚固加强或外挂型。建筑物高度在 20 m 以上时，受负风压作用较大的部位宜使用锚栓辅助固定。采用锚固加强或外挂主要是为了将面砖、石材或金属等较重饰面层的荷载有效地传递给基层墙体。锚栓大多由带盘片的膨胀管和金属钉两部分组成，为阻断热桥，可以将带盘片的膨胀管采用尼龙制作。同时，在金属钉上加一尼龙隔热帽，隔热帽和盘片贴平后可以有效地避免热量从铁钉直接传递。保温层与基层之间采用粘贴的方式，粘贴面积不小于接触面的40%；采用外挂方式的，无论有无龙骨，两者之间的接触面积会更小。保温装饰板的工厂化程度最高，现场只需要解决与基层墙体的连接问题，操作过程简单，但外保温工程的整体性差；喷涂或浇筑保温材料工厂化程度最低，机械化程度最高，所有操作包括保温材料成形均要在现场完成，操作过程复杂，但外保温工程的整体性最好。常用的方法有两大类：一种是在外墙的内侧加装轻质保温板材，例如，石膏聚苯乙烯保温板、砂浆聚苯乙烯保温板、增强水泥复合聚苯保温板，内墙贴聚苯板抹粉刷石膏等；另一种是在外墙内侧粉刷浆料保温材料 (保温砂浆)，常用的保温浆料有聚苯颗粒保温浆料、复合硅酸盐保温砂浆、珍珠岩保温砂浆以及稀土复合保温砂浆等。外墙内保温的优点是施工速度快，操作方便、灵活，应用实践较长，技术成熟，施工技术及检验标准是比较完善的。

（二）外墙内保温

外墙内保温，即在外围护结构内侧加做保温层，常用的方法有两大类：一种是在外墙的内侧加装轻质保温板材，例如，石膏聚苯乙烯保温板、砂浆聚苯乙烯保温板、增强水泥复合聚苯保温板、内墙贴聚苯板抹粉刷石膏等；另一种是在外墙内侧粉刷浆料保温材料（也叫保温砂浆），常用的保温浆料有聚苯颗粒保温浆料、复合硅酸盐保温砂浆、珍珠岩保温砂浆以及稀土复合保温砂浆等。外墙内保温的优点是施工速度快，操作方便灵活，应用时间较长，技术成熟，施工技术及检验标准是比较完善的。但外墙内保温层会多占用建筑的使用面积，热桥（也称冷桥：建筑物外围护结构与外界进行热量传导时，由于围护结构中某些部位的传热系数明显大于其他部位，使热量集中地从这些部位快速传递，从而增大了建筑物的空调、采暖负荷及能耗）问题不易解决，容易引起开裂。保温层由于设在内部，对保温材料的性能要求较低，同时便于施工，造价相对低廉。但其无法对外墙内的结合部位进行处理，容易产生热桥且不便于二次装修，使用上正逐年减少。

（三）外墙夹芯保温

预制混凝土夹芯保温复合墙板是一种工业化预制新型建筑墙板，它由内叶板与外叶板组成，中间夹有高效绝热材料，通过连接件相连而成的建筑板材，简称夹芯保温墙板。

预制混凝土夹芯保温墙板是集保温、隔热、防水、围护和装饰于一体的新型保温墙板，这种墙板一般是在预制构件厂制作加工，然后运输至施工现场进行拼装。

预制混凝土夹芯保温墙板是建筑工业化最主要的部品，也是当今发达国家和地区使用最普遍、用得最多的住宅部品。随着板材的不断应用实践，复合板的结构形式和生产方式也变得多样化，并不断改进和完善，目前各国普遍广为流行的是预应力混凝土夹芯保温复合空心板材。

1.预制夹芯保温的优点

第一，由于绝热材料夹在内、外叶墙板之间，夹芯保温墙板对保温材料选择范围较宽，可有效保护保温材料不被破坏，并提高保温系统的燃烧性能等级、抗冻与耐候性能。因内、外叶混凝土墙板的干密度大、蓄热系数大，与夹芯层高效绝热材料复合后，显著提高了保温系统的隔热性能。

第二，适用范围广。既适用于新建工程，又适用于建筑的节能改造；既适用于寒冷和严寒地区，又适用于夏热冬冷地区和夏热冬暖地区；既适用于外围护结构，又适用于内隔墙。

第三，保护主体结构。室外气候变化引起墙体较大温差主要发生在墙体夹芯保温层内，使内叶墙（主体墙）温度变化较为缓慢，热应力减小，墙体温度应力产生的裂缝减少，避免雨、雪、冻融、干湿循环造成的主体结构破坏；减少空气中有害物质和紫外线对墙体结构的侵蚀，延长建筑物寿命。

第四，墙体潮湿情况得到改善。由于蒸汽渗透性高的主体结构材料处于内侧，根据稳态传湿理论进行冷凝分析，只要保温材料选材适当，在墙体内部一般不会发生冷凝现象。特别是寒冷地区外保温使结构层整个墙身温度提高，降低了它的含湿量，因而进一步改善了墙体的保温性能。

第五，改善室内热环境质量。由于内侧的实体热容量大，当室内受到不稳定的热作用，如间歇采暖和间歇空调时，导致室内空气温度波动，内叶墙体能够吸收或释放能量。故有利于室温保持稳定，同时也有利于改善室内热环境。

第六，有利于提高墙体的防水性和气密性。混凝土空心砌块、加气混凝土等墙体在砌筑灰缝和面砖粘贴不密实的情况下其防水和气密性较差，采用预制混凝土夹芯保温的构造，则可大大提高墙体的防水性和气密性。

第七，预制混凝土夹芯保温复合墙体可以就地取材，施工简单、房间热稳定性优良、节能效果好，而且造价低廉，外饰面不受限制，是一种唯一能达到集承重、保温、隔声和装饰于一体，适于不同地区的耐久性节能墙体。

2. 预制夹芯保温外墙板的类型

（1）采用金属连接件技术的夹芯保温板

借鉴德国预制夹芯保温板的构造方式，采用不锈钢连接件连接内外层混凝土板，完全取消板周边及窗洞口周边的混凝土肋，适当加大保温材料的厚度来满足外墙的保温要求。按试验分析，不锈钢连接件可降低10%～20%的保温性能。由于钢的导热系数是保温材料的1500倍左右，在计算夹芯板的热阻值 R 时，应充分考虑不锈钢连接件造成的热损失。为了提高夹芯板的保温性能，对于我国北方严寒或寒冷地区的预制外墙，必须采用取消板周边和窗周边的混凝土肋的设计方案，并应通过尽量减少贯通保温材料的抗剪钢筋面积或增加保温材料的厚度来实现。

（2）采用非金属连接件技术的夹芯保温板

采用非金属连接件连接内外层混凝土板会明显降低连接件的热桥效应。这是一种新型预制混凝土墙体保温系统，由复合增强纤维连接件和挤塑板等保温材料构成。使用时，将连接件两端插入混凝土中锚固，中间固定保温材料。

由于非金属材料的导热系数非常小，可大幅度降低两层混凝土板之间连接的热传导，因此两层板之间的保温材料厚度可减少到 50 mm，就可以达到湖南地区三阶段 65% 保温节能要求。

该系统可以消除金属连接件 80% 以上的热损失。这表明：该系统具有优越的保温性能，有效解决了金属连接件热桥问题，并且具备较好的耐火、耐高温性能。

（3）采用预制混凝土外模板技术的夹芯保温板

采用预制混凝土外层面板（外墙挂板）作为外模板，在预制板内侧放置保温材料，通过拉接螺栓与内模板连接，再在现场浇筑混凝土剪力墙形成装配整体式保温墙板，该技术适宜在抗震要求较高地区的高层建筑中应用。

（4）采用预制混凝土夹芯保温承重外墙板

预制混凝土夹芯保温承重外墙板，将墙板内侧的混凝土板作为承重结构层，厚度可根据结构设计要求确定，一般为 160～200 mm，保温层及连接件可采用非金属连接件技术，外层混凝土板作为装饰面层，通过连接件挂在结构层上。该方案可以最大限度地实现预制混凝土外墙的承重、围护、保温、装饰等性能的系统组成。在外墙板四周，根据要求合理设置连接构造节点，可有效解决预制外墙的整体性和抗震要求。

第五章　建筑设计中的结构优化设计

第一节　建筑设计中的结构体系选择

结构设计优化是建筑设计优化中的一个重要内容。结构优化设计，实际上不仅是结构一个专业的事情，还由于人们认识得不全面，往往只针对结构专业提出优化要求。合理的结构体系，是结构优化最根本的先决条件。建筑方案如果没有落地到合理的结构方案上，那么，结构优化设计就是空中楼阁，无从谈起。结构的优化设计应该是合理的建筑方案、合理的结构体系，如果连"合理的"结构体系都谈不上，那么，结构优化设计只能是舍本逐末的局部意义上的小打小闹，掩盖了设计工作的整体性和专业交叉性，不能实现根本意义上的优化设计。

那么，建筑方案需要什么样的结构体系？首先需要了解各种结构体系的特点和优缺点，以及主要结构体系的适用范围，建筑方案需有针对性地采用合理的结构体系。

一、框架结构

框架结构构成：由竖直的柱和水平梁以及楼板组成，梁柱交接处一般为刚性连接。

框架结构受力特点：竖向荷载和水平荷载共同作用。

框架结构主要特点：布局灵活，不依靠墙承重，隔墙可以灵活布置，使用方便，可以获得相对较大的使用空间。同时，框架结构的梁、柱构件易于实现标准化、定型化，便于采用装配整体式结构。

框架结构缺点：框架结构抗侧刚度较小，属柔性结构，在强烈地震作用下，结构所产生的水平位移较大，易造成较严重的非结构性破形。对于钢筋混凝土框架结构，当层高较大、层数较多时，结构底部各层由水平荷载所产生的弯矩显著增加，使底部框架截面尺寸和配筋均增大，有可能对建筑平面和空间布置产生影响。同时，框架结构对于支座不均匀沉降比较敏感，协调基础不均匀沉降能力较差。

框架结构按框架构件组成分类：可以划分为梁板式结构和无梁式结构。

框架结构按材料分类：可以分为钢筋混凝土框架、钢框架和混合结构框架。

框架结构按框架的施工方法分类：可以划分为现浇整体式框架、装配式框架、半现浇框架和装配整体式框架。

框架结构适用范围：框架结构适用于办公楼、学校、旅馆、医院、商业建筑等，亦可用于工业车间等工业建筑。

二、剪力墙结构

剪力墙结构构成：利用建筑物的外墙和永久性内隔墙的位置布置混凝土承重墙的结构。

剪力墙结构受力特点：抗侧刚度较大，侧移较小，抗震性能较好，室内墙面平整。

剪力墙结构缺点：结构自重大，剪力墙的间距有一定限制，建筑平面布置不灵活，不容易形成大空间，不适合用在要求有大空间的公共建筑中。

剪力墙结构适用范围：剪力墙结构常用于住宅、公寓、旅馆和酒店建筑中，尤其对于上、下层功能一致的有较多标准层的建筑更为适用。

三、框架—剪力墙结构

框架—剪力墙结构构成：框架—剪力墙结构体系是由框架和剪力墙共同作为承重结构的受力体系。

框架—剪力墙结构受力特点：框架—剪力墙结构是框架和剪力墙两种体系的结合，吸取了各自的长处，既具有布置灵活、使用方便的特点，又具有良好的抗侧力性能。

框架—剪力墙结构适用范围：框架—剪力墙结构中的剪力墙可以单独设置，也可以利用电梯井、楼梯间、管道井等墙体布置，平面布置灵活，容易形成大空间。因此，这种结构已被广泛地应用于各类房屋建筑。

四、筒体结构

筒体结构构成：筒体结构是由框架——剪力墙结构与全剪力墙结构的演变发展而来的，由一个或数个筒体作为主要抗侧力构件的结构体系。

筒体结构受力特点：剪力墙集中布置在房屋的内部形成封闭的筒体，筒体在水平荷载作用下好像一个竖向悬臂封闭箱体，起到扩大整体空间作用。

筒体结构分类：筒体结构可分为筒中筒结构、框架—核心筒结构、框筒—框架结构、多重筒结构、成束筒结构及多筒体结构。

筒体结构适用范围：筒体结构一般适用于平面或竖向布置复杂、水平荷载较大的高层和超高层建筑。

五、桁架结构

桁架结构的构成：桁架结构是由直杆在端部相互连接而成的以抗弯为主的格构式结构。

桁架结构的受力特点：可利用截面较小的杆件组成截面较大的构件。桁架结构受力合理、计算简单、施工方便、适应性较强。

桁架结构的缺点：桁架结构高度较大，平面桁架的侧向刚度较小，为了保证桁架平面外的稳定性，通常需要设置支撑系统。

桁架结构按腹杆布置分类可分为三角形腹杆系、带竖杆的三角形腹杆系、半斜腹杆系、组合腹杆系。

桁架结构按其几何组成方式分类可分为简单桁架、联合桁架和复杂桁架。

桁架结构按是否存在水平推力分类可分为无推力的梁式桁架和有推力的拱式桁架。

桁架结构按材料分类可分为木屋架、钢—木组合屋架、钢屋架、轻型钢屋架、钢筋混凝土屋架和钢—混凝土组合屋架。

桁架结构适用范围：桁架结构在民用建筑、工业建筑、公共建筑、娱乐设施、施工设备、公路桥梁等领域应用广泛。

六、网架结构

网架结构的受力特点：网架结构为空间受力结构、重量较轻、刚度较大、稳定性较好、抗震性能较好。网架结构平面布置灵活，空间造型美观，便于实现建筑造型和装饰造型。网架结构能适应不同跨度、不同平面形状、不同支撑条件、不同功能需要的建筑物。

网架结构的缺点：网架结构交汇于节点上的杆件数量较多，制作安装较平面结构复杂。

网架结构分类：网架结构可分为交叉桁架体系和角锥体系两类。

网架结构的适用范围：网架结构特别是在大、中跨度的屋盖结构中显示出其优越性，被大量应用于大型体育建筑、公共建筑、工业建筑的屋盖结构中。

第二节　建筑设计中的结构概念设计

优化结构设计，至关重要的一环就是树立"建筑设计的结构概念"这个理念，具有结构概念的建筑方案一定会比没有结构概念的建筑方案更加优化、更加合理，会起到事半功倍的效果。可以说，真正的结构优化设计是从建筑方案设计开始的。当建筑师带着正确的结构概念进行建筑方案设计时，结构设计的优化其实就在源头上自然而然地开始了。

一、结构选型的原则

建筑结构按照材料划分，可分为：钢筋混凝土结构、钢结构、砌体(其中包括砖砌体、砌块砌体、石块砌体等)结构、混合结构、木结构、薄膜充气结构等。

建筑结构按照组成建筑结构的主体结构形式划分，可分为：砖混结构、框架结构、剪力墙结构、框架—剪力墙结构、框支剪力墙结构、筒体结构、无梁楼盖、拱结构、门式刚架结构、桁架结构、网架结构、空间薄壁结构、钢索结构等。

建筑结构按照组成建筑结构的体型划分，可分为：单层结构、多层结构、高层结构、超高层结构、大跨结构等。

建筑的结构选型应遵循以下原则：

(一) 满足建筑功能的原则

建筑结构的基本要求是安全性、适用性、经济性、耐久性。如何使隐含在建筑物外表内的结构既能满足建筑功能的要求，也能满足承载建筑荷载的要求，还能抵抗风和地震作用，同时具有经济性和满足建筑物耐久性要求，这是选择结构体系需要着重考虑的问题。这就要求将建筑造型以及功能要求和结构体系有机地结合起来，无论多么复杂的建筑造型，都要将所选择的结构体系简化为某一种结构体系。

(二) 选择合理结构体系的原则

对于建筑造型复杂、平面和立面特别不规则的建筑，结构选型要按结构体系的需要，通过在适当部位设置抗震缝，将建筑划分为几个或多个相对较规则的结构单体，尽量避免出现不合理的结构体系。

任何建筑物都具有对客观空间环境的要求，根据这些要求可以大体确定建筑物的尺度、规模与相互关系。结构选型时应注意尽可能降低结构构件的高度，选择与建筑物使用空间相适应的结构形式。例如，钢桁架构造高度为跨度的 1/20 ~ 1/15；平面网架结构的构造高度为跨度的 1/25 ~ 1/20。选择合适的结构形式，可使室内空间得到较充分的利用。

(三) 扬长避短的原则

每种结构形式都有其各自的受力、性能特点和不足，有其各自的适用范围，所以要结合建筑设计的具体要求进行利弊分析，选取相对利多弊少的结构形式。

(四) 就地取材和施工便利的原则

由于当地建筑材料和施工技术的不同，其结构形式也不同。要考虑建筑物所在地的建筑材料取用便利性情况、施工技术水平情况，以此确定结构形式。例如，砌体结构所用材料多为就地取材，施工技术简单，普遍用于层数较少的建筑中。当所在地钢材运输不便捷或钢材加工以及施工技术不完善时，不建议大量采用钢结构体系。

（五）经济性原则

当几种结构形式都有可能满足建筑设计条件时，经济性就是比较重要的决定因素。必要时应对可行的结构形式进行方案比选，尽量采用较低工程造价的结构形式。

二、多层建筑的结构选型

多层建筑是指建筑高度小于 24m（住宅为 28m）的建筑。但人们通常将 2 层以上 7 层以下的建筑都笼统地称为多层建筑。

多层建筑常用的结构体系主要有：

（一）框架结构体系

由梁和柱为主要构件组成的承受竖向和水平作用的结构。

框架结构的柱子截面在抗震设防结构中有明确规定。在《建筑抗震设计规范》（GB 50011—2010）中对钢筋混凝土框架柱的截面尺寸有如下规定："四级或不超过 2 层时不宜小于 300mm，一、二、三级且超过 2 层时不宜小于 400mm。"而建筑墙厚一般为 200mm 左右，这就造成框架结构的柱子会凸出建筑墙厚范围的情况，就会发生在住宅建筑的室内会看见凸出墙面的柱子的情况。对于框架结构用于住宅设计时，凸出墙面的柱子一直是建筑师和结构工程师沟通的焦点，如何在采用框架结构时，既满足结构设计要求，又能使框架结构的柱子不突兀，需要建筑师和结构工程师协同配合，共同努力。

因此，框架结构多用于柱子截面不敏感的多层公共建筑中，如商医院、酒店等，在住宅建筑中由于凸出墙面的柱子会影响建筑布置，使用时会受限制。

（二）剪力墙结构体系

由剪力墙组成的承受竖向和水平作用的结构。

对于多层住宅建筑来说，建筑对外墙、分户墙、电梯间隔墙等墙厚和墙数量的布置，完全可以满足剪力墙结构对墙厚以及剪力墙数量的要求，剪力墙可以很好地"藏"在建筑墙内，结构构件可以不突出建筑墙而外露。

因此，在多层住宅建筑中，剪力墙结构是对建筑造型和功能影响较小的结构形式。

(三) 框架——剪力墙结构体系

由框架和剪力墙共同承受竖向和水平作用的结构。

具有框架结构和剪力墙结构的优缺点，多用于层高较高、层数较多的多层框架结构无法满足结构计算要求时，需布置剪力墙，满足结构计算要求。剪力墙布置可利用建筑竖向通高构件，如楼梯间、管道井、隔墙等，使剪力墙的布置不影响建筑功能要求。

(四) 板柱结构

由无梁楼板与柱组成的板柱结构，是由板柱承受竖向和水平作用的结构。通常由柱子冲切计算要求，柱子根部范围内设有柱帽。板柱结构不设梁，是一种双向受力的结构体系。常用于建筑物净高与层高限制较严格的建筑中。由于没有梁，板柱结构建筑楼层的有效空间加大，同时，平整的板底可以改善采光、通风条件，也方便设备管线的布置。

板柱结构常用于多层建筑的商场、书库、冷藏库、仓库、停车楼等。

(五) 异形柱结构

异形柱结构中的柱子是一种特殊的柱子，其截面几何形状为 L 形、T 形和十字形，且为截面各肢的肢高、肢厚比不大于 4 的柱。异形柱结构可采用框架结构和框架——剪力墙结构体系。在一般框架结构中的柱子是矩形截面，异形柱结构的柱可以做成 T 形、L 形、十字形截面。这种异形柱结构受力性能没有框架结构的矩形截面柱子好，但由于异形柱结构的柱子宽度和建筑墙宽相同，可以满足住宅内部不希望出现凸出墙厚的明柱子的要求，这种结构形式多用在住宅建筑内。

从规范异形柱结构适用的房屋最大高度表 (表 5-1) 中可以看出，框架异形柱结构适用于低烈度区，6度区最大高度可以达到24m，可以满足多层建筑要求。而对于高烈度区，如8度区（0.20g），框架异形柱结构最大高度仅为12m，须采用框架——剪力墙异形柱结构才能满足最高多层住宅28m高度的要求；而8度区（0.30g），则不应采用框架异形柱结构体系。

表 5-1　混凝土异形柱房屋结构适用的房屋最大高度 (m)

结构体系	非抗震设计	抗震设计				
		6度	7度		8度	
		0.05g	0.10g	0.15g	0.20g	0.30g
框架结构	28	24	21	18	12	不应采用
框架－剪力墙结构	58	55	48	40	28	21

（六）砌体结构

用砖砌体、石砌体或砌块砌体作为承重结构建造的结构。由于砌体的抗压强度较高而抗拉强度很低，因此，现在大多数的砌体结构是指承重墙、柱和基础为砌体结构，而楼盖和屋盖为预制或现浇混凝土楼盖或屋盖。

砌体结构在多层建筑中常用于建筑平面和立面规整、造型简单、跨度较小、层数较少、层高较低、上下各层承重墙、柱构件对齐的建筑中，如住宅、职工宿舍、小型旅馆等。

在砌体结构中要注意将地基基础和上部结构作为一个有机的整体，不能将两者割裂开来考虑。在砌体结构设计中，需设置圈梁和构造柱将上部结构与基础连接成一个整体，而不能单纯依靠自身基础的刚度来抵御不均匀沉降，所有圈梁和构造柱的设置，都必须围绕这个中心。

三、高层建筑的结构选型

高层建筑的结构体系包括以下八种：

第一，框架结构体系：包括钢框架——支撑结构和混凝土框架结构体系。

第二，剪力墙结构体系。

第三，框架——墙结构体系：包括钢框架——混凝土剪力墙结构体系。

第四，部分框支剪力墙结构体系。

第五，框架核心筒结构体系：包括钢框架—混凝土核心筒结构、钢桁架—核心筒结构、筒中筒钢结构、束筒钢结构体系等。

第六，钢—混凝土混合结构体系：由钢框架、型钢混凝土、钢管混凝土和混凝土筒体结合而成的高层建筑。

第七，筒中筒结构体系：筒中筒结构分实腹筒、框筒及桁架筒。由剪力墙围成的筒体称为实腹筒，在实腹筒墙体上开有规则排列的窗洞形成的开孔筒体称为框筒；筒体四壁由竖杆和斜杆形成的桁架组成则称为桁架筒。筒中筒结构由上述筒体单元组合，一般核心筒在内，框筒或桁架筒在外，由内外筒共同抵抗水平力作用。

第八，多筒体系—成束筒及巨型框架结构：由两个以上框筒或其他筒体排列成束状，称为成束筒。巨型框架是利用筒体作为柱子，在各筒体之间每隔数层用巨型梁相连，这样的筒体和巨型梁形成巨型框架。这种多筒结构可以充分发挥结构空间作用，其刚度和强度都有很大提高，可建造层数更多、高度更高的高层或超高层建筑。

建筑方案中涉及各种不同结构体系的最大高度，需遵循结构规范的规定，一般来说，不得突破限值，超过限值高度的房屋，应进行专门研究和论证，采取有效的加强措施。

第三节　结构优化设计对建筑设计的影响

一、对优化结构设计及成本控制的理解

所谓的优化设计方案，一定是相对不合理、不经济的方案而言。在结构意义上，优化好的结构设计方案一定是结构受力合理、抗震有利的方案，但在建筑设计上也许不是优化的方案。同样，优化的建筑方案，未必是合理、经济的结构方案。所以，真正的优化应该是站在整个项目高度的全专业优化设计，需要建筑、结构、机电设备专业的共同介入，尤其需要建筑专业的全程参与，而不仅仅是结构单专业的优化设计。站在整个项目的高度，具备了全专业的全局观，结构专业的优化设计才能做得更好，否则，结构专业的优化只能在一些具体问题上解决局部问题。而在建筑、机电设备专业的配

合下，可以从建筑方案源头上以及结构方案上将结构优化做得更好。

有许多建筑因其新颖独特的建筑创意，堪称经典。但同时，因为结构体系不合理，为实现其造型，使用了更多的建筑材料，土建成本和合理结构体系相比会增加许多。这时，建筑创意的实现是以不合理、不经济的土建造价为前提的，但这也正是结构工程师的才华体现，让建筑师的创意得以实现。所以说，优化设计是个相对的和综合的目标，既要满足建筑师的创意，又要满足结构设计的优化和控制成本，就必须在这之间平衡。同时，这是个需要业主、建筑师、结构工程师共同努力才能实现的目标，任何一方不参与其中、任何一方单方面的努力都是低效和徒劳的。这个妥协和完善设计的过程也是个动态的不断前进的过程，建筑、结构在设计的全过程都需要不断地审视各自专业是否有可以改进的地方，建筑专业是不是有提供结构专业更加合理的可能，权衡一下如果实现结构体系合理的同时，究竟会牺牲多少建筑功能和空间；结构专业审一下如果在使结构合理的同时，是否可以尽可能不破坏或少破坏建筑造型和空间，或提出多种减小对建筑功能和空间破坏的结构方案，供建筑师参考和选择。

二、超限结构的相关规定

建筑师和结构工程师首先需要了解哪些建筑会是"超限"工程，超过这些限值的工程均需在项目的初步设计阶段经"超限"审查。

一般所称"超限高层建筑工程"，是指超出国家现行规范、规程所规定的适用高度和适用结构类型的高层建筑工程，体型特别不规则的高层建筑工程，以及有关规范、规程、规定应当进行抗震专项审查的高层建筑工程。

三、建筑方案阶段可开展的结构优化

建筑设计造型的独特性、建筑体形和环境的融入度以及建筑功能的合理流畅，一直是建筑师追求的目标，由于方方面面的综合因素的制约，使建筑需多角度、全方位地考虑其相关条件的合理性和适用性。这时，由于考虑建筑的立面造型和内部空间的原因使建筑设计中产生一些结构设计的不合理。而这些结构设计的不合理，往往会带来结构的造价增加，有时还会产生不必要的浪费。这时，就需要建筑师在建筑选型时带着"参与结构优化"的观念开展方案设计。同时，结构工程师也应该主动与建筑师沟通、协调，提醒建筑师哪些要点会影响到结构的合理性，以至于影响结构的优化设计。具体应注意控制以下几点：

(一) 建筑平面形状的影响

建筑设计应重视平面、立面的规则性，宜择优选用规则的平面形体，其抗侧力构件的平面布置宜规则对称，侧向刚度沿竖向均匀变化，竖向抗侧力构件的截面尺寸和材料强度宜自下而上逐渐减小，避免侧向刚度和承载力发生突变。也就是说，建筑平面宜简单、规则、对称，避免过多的外伸、内凹等不规则体形。

建筑结构尽量对称，建筑的平面内刚度不对称，在地震时易产生扭转破坏。

若建筑平面比较规则、凹凸少，则用钢量就可能会少；反之，建筑体形不规则、采用凹凸较多的平面，则用钢量有可能会较多。平面形状是否规则，不仅决定了结构的经济性，还决定了结构抗震性能的好坏。

(二) 建筑平面长度及尺寸的影响

体形复杂、平立面不规则的建筑，应根据不规则的程度、地基基础条件和技术经济等因素的比较、分析，确定是否设置防震缝。当在适当部位设置防震缝时，宜形成多个较规则的抗侧力结构单元。防震缝应根据抗震设防烈度、高度和高差以及可能的地震扭转效应的情况确定，应完全分开。

当建筑由于功能和立面要求平面长度较长时，能在立面和功能上将其设缝断开，形成几个独立的结构单元。即做出初步的判断，是否有必要要求结构单元按超长结构设计。当建筑物较长，而建筑功能和立面又不允许结构设永久缝，将建筑分为若干个独立的结构单元时，就形成了超长建筑。超长建筑对结构的影响一方面会带来结构体系的不合理；另一方面，对于混凝土结构来说，非超长建筑主要考虑的只是荷载及风、地震作用等产生的应力，而超长建筑必须考虑混凝土的收缩应力和温度应力，其反应在结构设计上会带来构件截面的增加和总用钢量的增加。

（三）建筑平面中长宽比的影响

建筑平面长宽比较大的建筑物，无论其是否属于超长建筑，由于建筑物在两个方向的整体刚度相差较大，就会在风或地震等水平力作用下，产生两个方向的构件；由于扭转作用产生受力不均匀，会造成构件内力的不均匀性。为抵抗这种作用的不利影响，通常需要采取增加结构构件截面的措施，因而会增加造价。

如果在建筑方案设计中考虑了将较长的建筑，结合建筑立面和造型，通过设置结构缝将其分为若干个独立的结构单元，就可以避免建筑平面中较大长宽比带来的影响。

（四）建筑立面形状的影响

建筑立面形状的影响是指建筑的竖向体形是否具有规则性和均匀性。即立面是否有外挑或内收、外挑和内收的尺寸有多大、竖向刚度有否突变等。如侧向刚度从下到上逐渐均匀变化，则该结构较合理，结构设计会较节省。否则，如果结构不合理，为了消除这些不合理就会多设置构件或增加用钢量，带来造价增加较多的结果。比较典型的例子是，高层建筑中如果设置了转换层，由于产生了结构的竖向刚度突变，因此会比没有设置转换层的结构造价增加较多。

（五）建筑高宽比的影响

建筑高宽比是指建筑竖向高度和平面尺寸中较小尺寸之比。建筑高宽比主要针对高层建筑而言，高宽比较大的建筑其结构整体稳定性不如高宽比较小的建筑的结构整体性稳定。对于高宽比较大的建筑，为了保证其结构的整体稳定并控制结构的侧向位移，需要相应设置较多或较刚的抗侧力构件来提高结构的侧向刚度。而抗侧力构件的增多或加强，也会带来结构构件或用钢量的增加。

也就是说，高宽比较大的建筑比高宽比较小的建筑，其单位面积结构构件用量和用钢量会增多。

(六) 建筑抗侧力构件位置的影响

建议建筑方案设计中优先考虑几何图形、楼层刚度变化规则匀称的建筑，尽量避免一些相对薄弱层的出现。尽可能使得建筑的刚度中心与质量中心相重合或靠近，或者抗侧力构件所在位置能产生较大的抗扭刚度，结构的抗扭效应小，结构整体构件和用钢量就会少；反之，若结构刚度中心与质量中心相差较远，则结构体系就会不合理，带来构件用量的增多。

(七) 建筑柱网的影响

建筑设计中柱网的确定，对结构的优化设计会带来影响。一般来说，柱网较大的楼盖，楼盖的用钢量会增加较多；柱网较小的楼盖，楼盖的用钢量会较少。但同时，因跨度过小而设置过多柱构件也是不经济的。在抗震设防设计中，柱的上、下端和主梁的端部以及梁柱的节点核心区均要求箍筋加密，其总量在总体结构构件的钢筋用量中占比非常大。因此，使用经济柱网间距，"用足"构造要求，对整体结构设计的造价影响非常重要。

一般来说，住宅建筑的柱网跨度控制在 6～8m，办公、商业等公共建筑的柱网跨度控制在 8～12m 会比较经济合理。同时，建筑柱网尺寸的大、小跨整体较均匀的建筑，比建筑柱网尺寸的大、小跨差别较大的建筑结构要合理和经济。

(八) 建筑功能荷载的影响

每一项建筑功能体现在结构设计中就是不同的荷载。有的建筑功能荷载较大，有的建筑功能荷载较小。总体来说采用以下设计理念会帮助结构设计的优化。

1. 尽可能选用较轻材料的原则

尤其对于高层建筑来说，选用何种隔墙材料、隔墙材料的重量对结构设计影响很大。如采用轻钢龙骨隔墙，重量仅为 $0.5kN/m^2$（以墙面积计算），而采用砌体隔墙会达到 $3.2kN/m^2$（以墙面积计算），对于高层建筑来说，由于层数多，这个荷载对结构的影响非常大，直接影响结构体系的构件大小、钢筋用量以及地基基础设计。控制隔墙材料的重量不仅可以优化结构体系的设计，还可以带来结构基础设计的优化。

2. 尽可能布置成"下重上轻"的原则

在建筑设计中，尽可能将较重的功能布置在建筑物的下部，而将较轻的功能布置在建筑物的上部，反过来，将较轻的功能布置在建筑物的下部，而将较重的功能布置在建筑物的上部，则会产生"头重脚轻"的情况。如果在策划建筑功能区域时考虑了结构的荷载因素，也能为结构的优化添砖加瓦。

何为"较重的功能"呢？按照结构荷载规范，"较重功能"为：密集柜书库、设备机房、书库、档案库、储藏室、水箱等。而一般功能的住宅、宿舍、旅馆、办公、教室、食堂、餐厅、礼堂、商店、展览厅、健身房、门厅等，均可视为"较轻功能"。

第四节　结构优化设计方法

一、地基基础设计的优化

基础造价占工程总造价的比例非常大，基础的优化是结构优化中很重要的方面，基础优化将对整个工程造价的降低起决定性的作用。地基基础的优化主要有以下几个方面。

(一) 选择对建筑抗震有利的场地

在项目选址和可行性分析阶段，应根据区域的场地安全评估，宜避开对建筑抗震不利的地段，不应在危险地段建造甲、乙、丙类建筑。对于在抗震不利地段建造房屋，结构工程师应在立项和可行性研究阶段提出让建筑物避开的要求。实际工程中，在项目的前期阶段规划师和建筑师的介入会较深入，往往会忽视结构工程师的介入，这就给之后选择不利于结构优化留下了隐患。

当场地由于具体原因确实无法避开不利因素时，需在地基基础及上部结构的设计中采取有效措施，这样就考虑了因场地条件的原因地震时会带来结构加剧破坏的因素。或许会由于软弱地基、湿陷性地基、不均匀地基，在基础设计和上部结构的设计中采用整体结构的加强措施，影响地基基础和结构体系整体的方案。在建筑物选址时若能避开建筑抗震不利地段，对建筑物的结构优化起着非常重要和决定性的影响，直接影响地基基础以及整体结构的合理性以及工程造价。

当建筑物处于抗震不利场地时，任何结构优化都是局部的，有时甚至是徒劳的，因为在抗震不利场地上的结构方案改进对整体结构的优化很有限，不能从根本上改变局面。这时能够做的最大的优化就是将建筑物移出抗震不利地段。

实际工程经验中就有这样的例子，在项目的选址上没有对场地的地质情况做深入的了解，场地虽然不属于抗震不利地段，但由于地质情况非常不好，需要做全面的地基处理，地基处理中需投入的成本竟然大于上部结构的整体造价。这时，主要矛盾就是场地不同地基处理方案之间的差别了，而不是主体结构的优化问题了，且场地需要投入大量的地基处理费用往往是项目初期始料不及的。

对于山地建筑、沿海海岸线建筑地下有淤泥、淤泥质土、冲填土、杂填土或其他高压缩性土层构成地基的场地，在项目选址以及建筑物确定位置时，应引起重视。这种地基天然含水量过大，承载力低，在荷载作用下易产生滑动或固结沉降。

(二) 选择合适的地基处理方案

对处于不同地区、不同场地、不同地质情况的地基，选择合适的地基处理方案，并对可能采用的地基处理方案做比较，是地基基础优化过程中很重要的一个环节。地基处理的主要作用是改善土体的剪切特性、压缩特性、透水特性、动力特性和特殊土的不良地基特性等。

地基处理无外乎采用三种思路：一是"密实"，二是"换土"，三是"加固"。各地区应根据当地方便采用的建筑材料、熟悉的施工技术、成熟的施工工艺，因地制宜地采用适用的地基处理方式，各种地基处理方式都是采用了其中一种方式，或综合采用了几种方式。

常用的地基处理方法有：换填垫层法、强夯法、砂石桩法、振冲法、水泥土搅拌法、高压喷射注浆法、预压法、夯实水泥土桩法、水泥粉煤灰碎石桩法、石灰桩法、灰土挤密桩法和土挤密桩法、柱锤冲扩桩法、单液硅化法和碱液法等。

在确定地基处理方案时，应针对设计要求的承载力提高幅度、地基沉降的限制指标，选取适宜的成桩工艺和增强体材料，选取不同的地基处理方法进行比较，选择出较优的地基处理方案。

1. 换填垫层法

换填垫层法适用于浅层软弱地基及不均匀地基的处理。其主要作用是提高地基承载力，减少地基沉降量，加速地基软弱土层的排水固结，防止冻胀和消除膨胀土的胀缩。常用的处理厚度小于3m。

2. 强夯法

强夯法适用于处理碎石土、砂土、低饱和度的粉土与黏性土、湿陷性黄土、杂填土和素填土等地基。

强夯置换法适用于高饱和度的粉土，软—流塑的黏性土等地基上对变形控制不严的工程，在设计前必须通过现场试验确定其适用性和处理效果。

强夯法和强夯置换法主要用来提高土的强度，减少压缩性，改善土体抵抗振动液化能力和消除土的湿陷性。对饱和黏性土宜结合堆载预压法和垂直排水法使用。

3. 砂石桩法

砂石桩法适用于挤密松散砂土、粉土、黏性土、素填土、杂填土等地基，提高地基的承载力和降低压缩性，也可用于处理可液化地基。对饱和黏土地基上变形控制不严的工程也可采用砂石桩置换处理，使砂石桩与软黏土构成复合地基，加速软土的排水固结，提高地基承载力。

4. 振冲法

振冲法分为加填料振冲法和不加填料振冲法两种。加填料的振冲法通常称为振冲碎石桩法。振冲法适用于处理砂土、粉土、粉质黏土、素填土和杂填土等地基。对于处理不排水抗剪强度大于20kPa的黏性土和饱和黄土地基，应在施工前通过现场试验确定其适用性。不加填料振冲加密法适用于处理黏粒含量小于10%的中、粗砂地基。振冲碎石桩主要用来提高地基承载力，减少地基沉降量，还用来提高土坡的抗滑稳定性或提高土体的抗剪强度。

5. 水泥土搅拌法

水泥土搅拌法分为浆液深层搅拌法 (湿法) 和粉体喷搅法 (干法)。水泥土搅拌法适用于处理正常固结的淤泥与淤泥质土、黏性土、粉土、饱和黄土、素填土以及无流动地下水的饱和松散砂土等地基。不宜用于处理泥炭土、塑性指数大于 25 的黏土、地下水具有腐蚀性以及有机质含量较高的地基。若需采用时必须通过试验确定其适用性。当地基的天然含水量小于 30% (黄土含水量小于 25%)、大于 70% 或地下水的 pH 小于 4 的酸性土层时不宜采用此法，以免影响水泥的水解、水化反应。该方法在地基承载力大于 140kPa 的黏性土和粉土地基中的应用有一定难度。

对上部结构荷载较大的框架结构基础慎用此方法，如果必须使用，则基础宜采用整体性较好的条形基础及十字交叉梁基础，且基础梁的宽度会较大，并不一定比桩基方案经济。

6. 高压喷射注浆法

高压喷射注浆法适用于处理淤泥、淤泥质土、黏性土、粉土、砂土、人工填土和碎石土地基。当地基中含有较多的大粒径块石、大量植物根茎或较高的有机质时，应根据现场试验结果确定其适用性。对地下水流速度过快、喷射浆液无法在注浆套管周围凝固等情况不宜采用。高压旋喷桩的处理深度较深，除地基加固外，也可作为深基坑或大坝的止水帷幕。

7. 预压法

预压法适用于处理淤泥、淤泥质土、冲填土等饱和黏性土地基。

按预压方法分为堆载预压法及真空预压法。堆载预压分塑料排水带或砂井地基堆载预压和天然地基堆载预压。当软土层厚度小于 4m 时，可采用天然地基堆载预压法处理；当软土层厚度超过 4m 时，应采用塑料排水带、砂井等竖向排水预压法处理。对真空预压工程，必须在地基内设置排水竖井。预压法主要用来解决地基的沉降及稳定问题。

8. 夯实水泥土桩法

夯实水泥土桩法适用于处理地下水位以上的粉土、素填土、杂填土、黏性土等地基。

该法施工周期短、造价低、施工对环境干扰少、造价容易控制。

9. 水泥粉煤灰碎石桩（CFG 桩）法

水泥粉煤灰碎石桩（CFG 桩）法适用于处理黏性土、粉土、砂土和已自重固结的素填土等地基。对淤泥质土应根据地区经验或现场试验确定其适用性。基础和桩顶之间需设置厚度为 200～300mm 的褥垫层，保证桩、土共同承担荷载形成复合地基。该法适用于条基、独立基础、箱基、筏基，可用来提高地基承载力和减少变形。对可液化地基，可采用碎石桩和水泥粉煤灰碎石桩多桩形复合地基，达到消除地基土的液化和提高承载力的目的。

10. 石灰桩法

石灰桩法适用于处理饱和黏性土、淤泥、淤泥质土、杂填土和素填土等地基。用于地下水位以上的土层时，可采取减少生石灰用量和增加掺合料含水量的办法提高桩身强度。该法不适用于地下水位以下的砂类土。

11. 灰土挤密桩法和土挤密桩法

灰土挤密桩法和土挤密桩法适用于处理地下水位以上的湿陷性黄土、素填土和杂填土等地基，可处理的深度为 5～15m。当用来消除地基土的湿陷性时，宜采用土挤密桩法；当用来提高地基土的承载力或增强其水稳定性时，宜采用灰土挤密桩法；当地基土的含水量大于 24%、饱和度大于 65% 时，不宜采用这种方法。灰土挤密桩法和土挤密桩法在消除土的湿陷性和减少渗透性方面效果基本相同，土挤密桩法地基的承载力和水稳定性不及灰土挤密桩法。

12. 柱锤冲扩桩法

柱锤冲扩桩法适用于处理杂填土、粉土、黏性土、素填土和黄土等地基，对地下水位以下的饱和松软土层，应通过现场试验确定其适用性。地基处理深度不宜超过 6m。

13. 单液硅化法和碱液法

单液硅化法和碱液法适用于处理地下水位以上渗透系数为 0.1～2m/d 的湿陷性黄土等地基。在自重湿陷性黄土场地，对 Ⅱ 级湿陷性地基，应通过试验确定碱液法的适用性。

（三）应考虑地基基础与上部结构的共同作用

结构设计中的一般方法是将上部结构、基础与地基分割成三个部分，各自作为独立的结构单元进行受力分析。大量的实践表明，高层建筑的上部结构具有较大的刚度，且和基础与地基同处于一个完整的作用体系。目前的设计方法在分析高层建筑的基础结构时，不考虑结构的共同作用，用常规的忽略上部结构作用的基础设计方法来设计基础结构。

显然，把上部结构、基础与地基分割成三个部分各自独立计算是不符合实际情况的。其结果往往造成设计不是偏于不安全就是偏于浪费。

按照弹性地基上的梁、板、箱的理论来设计，完全忽略上部结构的刚度贡献，对具有很大刚度的高层建筑来说，尤其不合理。其结果会导致夸大了基础的变形与内力，或者为减少基础的变形与内力完全不必要地增加底板厚度与配筋，造成浪费。与实际受荷情况相比，通常造成上部结构受力相对偏小，而基础部分受力相对偏大。

理论研究表明，共同作用分析使上部结构、基础与地基在内力和位移等方面与常规设计方法相比均有显著的变化。例如，由于上部结构刚度对基础变形有约束作用，基础差异沉降将减小，而基础的差异沉降又将引起上部结构产生次应力。因此，合理可行的结构和基础设计方法应该对上部结构、地基、基础共同作用问题进行全面了解和正确分析，对工程设计作出判断。

采用整体式基础的带裙房高层建筑的上部结构、地基、基础共同作用问题尤其突出，由于这类建筑物的结构形式较复杂，上部结构、基础和地基间的相互作用对结构内力和位移的影响更大，而正确预估建筑物各部分之间的差异沉降，是该类建筑设计中的一个首要难题。尽管许多设计人员已经意识到上部结构、地基、基础共同作用问题的重要性，但由于缺乏成熟的计算理论和方法，在常规基础设计中往往采取偏于安全的方法，其中一个突出的问题就是将基础底板取得过厚，造成浪费。在带裙房的高层建筑设计中，这种现象尤为突出。

(四)基础设计的构造优化

第一，设置地下室时，对地下室的埋深、抗浮水位、底板顶板结构形式、侧墙设计、基坑围护等内容应进行充分比较，尽可能采用合理的设计方法。

第二，底板常用结构形式有"承台＋底板""承台＋地梁＋底板"等几种。

应根据建筑、荷载和场地条件进行多方案技术经济性比较后再选择最合理的方案。

第三，对于同一结构单元不宜采用两种或两种以上地基基础形式。

第四，上部结构应尽量避免偏心，并应加强基础的整体刚度。

第五，采用桩基时，需进行桩型、桩径、桩长等多方案技术经济性比较。桩基比选时需考虑承台造价，不同单体、不同地质情况可选用不同桩型，地基土对桩的支承能力尽量接近桩身结构强度。方桩宜优先考虑空心方桩，抗拔桩优先考虑 PHC 管桩。

第六，桩基布桩时优先考虑轴线布桩并按群桩形心、荷载中心、基础形心"三心"尽量靠近的原则作优化调整。

第七，桩基单个承台及整个单体的布桩系数（上部总荷载与单桩承载力总和的比值）宜控制在 0.75～0.90，试桩结果较好时可取高值。

第八，桩基中尽可能少采用联合承台，基础厚度在满足抗冲切、抗剪切的要求下尽可能降低厚度。墙／柱下直接布桩时，如荷载能直接传递，承台厚度可适当减小。

第九，桩基中与承台相连的基础梁计算长度不必取轴线间距离，否则配筋会增大，建议取 1.05 倍净跨度。

第十，合理选择地梁的截面并控制梁的截面尺寸和配筋。宜采用倒 T 形截面，不宜采用矩形截面。增加基础高度可以减少底板配筋。独立基础优先采用锥形基础。

第十一，筏基底板宜适当出挑，一般出挑 0.5～2.0m，有梁时宜将梁一起出挑，当有柔性防水层时不宜出挑。地梁宜适当出挑，一般出挑边跨跨长的 1/4。

第十二，地下室超长时应设后浇带或膨胀加强带，刚度较大时后浇带或加强带距离应适当减小。

第十三，在场地高差处理的设计中，尽可能降低挡土墙高度，可协调建筑景观专业研究是否采用多次放坡、分级挡土墙等方法代替高挡土墙的方案。

第十四，控制基础底板混凝土强度等级，基础底板中避免采用过高混凝土强度等级，按照"够用即可"的原则确定基础底板的混凝土强度等级，不做人为的放大。底板混凝土强度过高时，底板混凝土不能发挥全部作用，但高强度混凝土会提高底板的最小配筋率，导致配筋量增加。同时，由于高层建筑的基础底板截面较大，较高强度的大体积混凝土的养护如果不到位，容易出现混凝土的收缩裂缝，破坏结构的自防水，造成漏水隐患。

第十五，承台、基础梁、筏板无须按延性要求进行构造配筋，即构造均可按非抗震设计要求设置。基础梁端部箍筋无须加密，满足强度即可。承台、基础梁、筏板的纵筋锚固和搭接都可按非抗震设计要求设置。

第十六，当独立基础边长或条形基础的宽度＞2.5m时，底板受力钢筋长度可取0.9倍边长或宽度，并交错布置。

二、地下室设计的优化

地下室结构在结构成本中占的比重很大，因此做好地下室结构的优化设计对整个结构成本控制影响很大。

(一) 层高研究

对于大型公共地下室，应做好平面布置的优化以及面积的充分合理利用，优化梁高、优化管线的综合布置高度，尽量减少地下室的层高。

(二) 地下室顶板覆土厚度的控制

地下室顶板覆土厚度的控制对地下室顶板的优化设计至关重要。将景观设计和管线综合设计提前介入，做到精细化设计和专业协调，控制地下室顶板的覆土厚度，必要时对地下室顶板的结构方案做多方面比较，如采用主次梁的梁板体系、主梁大板体系、无梁楼盖体系，结合建筑净高、设备管线排布，选用各专业综合造价较低的方案。

(三) 板柱结构

板柱结构在地下室结构中较为常用，尤其较多地应用于地下车库设计中，由于板柱结构可以控制层高，对于地下室减少土方开挖量，减少降水、减少抗浮措施、减少地下室外墙配筋等都有很大帮助，对项目的综合造价有较大的降低。因此，通常会在项目的前期对地下室结构体系进行比选，确定是否可以采用板柱结构的无梁楼盖结构体系。

（四）裂缝宽度限值

当基础底板板底、地下室外墙外侧均设有建筑防水时，在地下水不丰富的地区可考虑放松筏板、基础、地下室外墙等基础构件裂缝宽度限值，控制在 0.4mm 即可。

（五）超长地下室

地下室可通过施工期间设置混凝土收缩后浇带解决由于超长带来的混凝土收缩问题，不用设永久缝。研究施工工艺的改进，如采用跳仓法减少或取消收缩后浇带。

三、人防设计的优化

防空地下室设计遵循"长期准备、重点建设、平战结合"的方针，并坚持人防建设与经济建设协调发展、城市建设相结合的原则。目前在城市中的人防设计大多采用"平战结合"的方式，在地下室的底部一层或几层设计成"平战结合"的地下室，因为，人防设计是地下室设计的一部分，对结构设计的优化也应包含对人防设计的优化。

防空地下室人防设计平战转换设计的基本原则是：工程平战用途相近；平战转换工作量要小；一次设计，分两步施工；考虑兼容性和通用性；平战转换措施要求快速、经济、简便、可靠；各部位战时封堵构件上的荷载种类较多，设计中一般直接选用通用的封堵构件，不再单独设计。

（一）人防结构设计的原则

第一，防空地下室结构的选型，应根据防护要求、平时和战时使用要求、上部建筑结构类型、工程地质和水文地质条件以及材料供应和施工条件等因素综合分析确定。

第二，甲类防空地下室结构应能承受常规武器爆炸动荷载和核武器爆炸动荷载的分别作用，乙类防空地下室结构应能承受常规武器爆炸动荷载的作用。对常规武器爆炸动荷载和核武器爆炸动荷载，设计时均应按一次作用考虑。

第三，人防平战结合时的设计控制值，在 5 级或 6 级设防的人防设计中，人防结构的顶板基本上都由战时控制（不包含有覆土的地下室顶板），而地下室外墙和基础底板则因地下室结构形式的不同，平时或战时控制都有可能，需由实际情况确定。

第四，人防设计只进行承载力的验算。由于在核爆炸动荷载作用下，结构构件变形极限已用延性比来控制，因而在防空地下室结构设计中，不必再单独对结构构件的变形与裂缝进行计算。

第五，人防设计中应使各部位构件的强度水平一致，避免因设计控制标准不一致而导致结构的局部先行破坏，使得建筑的整体防护失效。

第六，人防设计中人防结构和非人防结构体系应协调，两者刚度相差不宜过大。

第七，人防地下室墙、柱等承重结构，应尽量与非人防结构的承重结构相互对应，使非人防结构的荷载通过防空地下室的承重结构直接传递到地基上。

第八，人防设计中需重视构造要求，人防设计的许多构造要求与非人防设计不同，要求更为严格，应充分保证结构的延性，实现"强柱弱梁""强剪弱弯"的原则。

（二）人防结构设计的优化

第一，人防荷载取值应严格根据人防地下室抗力级别取用，不得擅自提高或降低。确定所有构件的等效静荷载值，计算顶板、侧墙及无桩基底板人防荷载，确定各构件人防荷载时要注意比较核武器和常规武器爆炸动荷载作用，取较大值控制。

第二，核武器、常规武器爆炸动荷载作用属于偶然性荷载，具有量值大、作用时间短（1s 左右）且不断衰减等特点，整个结构寿命期内只考虑一次作用，人防设计中钢筋混凝土构件允许开裂。因此，构件安全度可降低，人防荷载的分项系数取 1.0。

第三，防空地下室上方的地面多层或高层建筑物，对常规武器爆炸、核爆炸冲击波早期核辐射等破坏因素都有一定的削弱作用，防空地下室设计时可考虑这一因素。

第四，人防设计应同时满足平时和战时两种不同荷载效应组合的构造要求。

第五，人防设计中钢筋混凝土结构构件可按弹塑性设计，对超静定的钢筋混凝土结构，可按由非弹性变形产生的塑性内力重分布计算内力。

第六，在人防荷载作用下，考虑材料强度提高，但变形性能包括塑性性能等基本不变，这对结构有利，在设计中通过材料强度综合调整系数体现。

第七，在核爆炸动荷载这种瞬间荷载作用下，一般不会产生因地基失效引起结构破坏，因此人防结构设计可不验算地基的承载力及变形，但在甲类防空地下室的桩基设计中应按计入上部墙、柱传来的核武器爆炸动荷载的荷载组合来验算承载力。

第八，地下室作为上部结构的嵌固部位，应保证其具有足够的刚度，规范要求其抗侧刚度不小于相邻楼层的2倍。当地下室剪力墙数量不多时，特别是非人防区域，可以在适当部位加设剪力墙以增加整体刚度。

第九，在地下室顶板梁整体计算时，有地上结构的主楼范围内梁端负弯矩不宜调幅；当上部结构高宽比较大时，其柱底弯矩更大，所以当有地上结构的主楼范围外的地下室顶板梁与有地上结构的主楼落地墙柱相连时，应加大连接端梁负筋及梁腰筋，用于平衡上部结构柱底弯矩。

第十，两层及两层以上的地下室，当人防地下室设在底层时，人防顶板板厚可适当减小。为了防早期核辐射，板厚需满足规范数值，但当人防地下室设于多层地下室的底层时，其早期核辐射已经被上部楼层有效削弱，故板厚可适当减小。

第十一，通道顶板抗力按人防设计，通道顶板抗力等级共用按同一通道的防空地下室较高级别者设计。

四、上部结构设计的优化

(一) 建筑方案的结构优化

在建筑方案设计阶段，结构工程师积极参与设计，建议选择比较规则的平面方案和立面方案。在建筑方案阶段结构工程师应对以下几个方面重点关注，并给建筑师提出结构专业的建议：

第一，尽量避免平面凹凸不规则；

第二，尽量避免竖向有过大的外挑或内收；

第三，尽量避免楼板连续开大洞；

第四，控制平面长宽比；

第五，合理设缝；

第六，使结构刚度中心与质量中心尽量接近；

第七，注意限制薄弱层、错层、转换层等不利因素，尽量使建筑侧向刚度和水平承载力沿高度均匀、平缓变化。

(二) 结构体系的优化

应根据建筑高度、平面布置以及使用功能要求选择经济合理的结构体系。

比如，异形柱框架结构就会比普通框架结构用钢量大。在可能的情况下，尽量采用普通框架结构。短肢剪力墙结构比普通剪力墙结构用钢量大，在这种情况下应尽量采用普通剪力墙结构。

结构材料选择与结构体系的确定应符合抗震结构的要求。采用哪一种结构材料，什么样的结构体系，需经技术经济条件比较综合确定。同时，力求结构的延性好、强度与重力比值大、匀质性好、正交各向同性，尽量降低房屋重心，充分发挥材料的强度优势，使结构两个主轴方向的动力特性周期和振型相近。

在结构设计中应尽可能设置多道抗震防线。地震有一定的持续时间，而且可能多次往复作用，根据地震后倒塌的建筑物的分析，我们知道地震的往复作用会使结构遭到严重破坏，最后倒塌则是结构因破坏而丧失了承受重力荷载的能力。适当处理构件的强弱关系，使其形成多道防线，是增加结构抗震能力的重要措施。例如，单一的框架结构，框架就成为唯一的抗侧力构件，那么采用"强柱弱梁"型延性框架，在水平地震作用下，梁的屈服先于柱的屈服，就可以做到利用梁的变形消耗地震能量，使框架柱退居到第二道防线的位置。

在结构的优化设计中应确保结构的整体性，各构件之间的连接必须可靠，需符合以下要求：

第一，构件节点的承载力不应低于其连接构件的承载力。当构件屈服、刚度退化时，节点应保持承载力和刚度不变；

第二，预埋件的锚固承载力不应低于连接件的承载力；

第三，装配式的连接应保证结构的整体性，各抗侧力构件必须有可靠的措施以确保空间协同工作；

第四，结构应具有连续性，应重视施工质量，避免施工不当使结构的连续性遭到削弱甚至破坏。

(三) 结构布置优化

结构承载力和刚度在平面内及高度范围内应尽量均匀分布，应尽量避免刚度突变和应力集中，这样有利于防止薄弱层结构过早发生破坏，使结构设计中的地震作用在各层之间重新分布，充分发挥整个结构耗散地震能量的作用。在实际工程中，建筑物的平面布置中质量分布不可能做到绝对均匀，因此会不可避免地产生扭转效应，这时，除了可以考虑结构的平面对称布置，还需要通过结构抗力构件的布置来加强结构的抗扭能力。

大量研究表明，结构把抗侧力构件布置在建筑平面的四周，比抗侧力构件均匀分布在平面中心或集中布置在平面内部更能加强结构的抗扭能力。因此，结构在布置抗侧力构件时，如布置柱、剪力墙时，应尽量把柱、剪力墙布置在建筑平面的四周，最大限度地加大结构抵抗扭转性能，因而加强整个结构的抗扭转能力。

(四) 柱网优化

应选择合理、均匀的柱网尺寸，使板、梁、柱、剪力墙的受力合理、均匀。

当结构柱网较大时，则楼盖跨度大，因而楼盖的用钢量会较大。当结构柱网较小时，则因柱子数量较多，因而造成整体空间较小，楼盖结构的承载力水平不能充分发挥作用。

应根据建筑实际情况和经验采用合理柱网，在考虑使用功能和优化柱网间达到平衡，同时实现结构设计的优化。例如，在住宅建筑中，若采用小开间结构，则其中的剪力墙、柱的作用不能得到充分发挥，而且过多的剪力墙、柱还会产生较大的地震作用；若考虑采用较大开间结构体系，则既可以通过减少剪力墙、柱节约造价，又便于建筑功能灵活布置，是优化结构柱网的好范例。

(五) 尽量避免结构转换体系的采用

在高层建筑的体系选择中，尽量避免转换体系的采用，尤其是"高位转换"的采用。

在无法避免采用转换结构时，应在设计中注意以下主要原则：

1. 对称布置剪力墙和转换柱

在剪力墙和转换柱的布置中，应注意转换柱和剪力墙的对称布置，最好将转换柱布置在转换梁上方的正中位置，这样可以避免当转换梁变形时，对转换柱柱脚造成过大的影响，同时，减小转换柱由于发生变形而影响转换层结构的安全和稳定性。

2. 控制竖向构件数量

在高层建筑转换层结构设计中，应最大限度地减少转换结构之上的竖向构件。因为在转换结构之上采用越多的竖向构件，所能转换出的建筑功能也越受限制，同时，转换层之上采用过多的竖向构件会给整个建筑的抗地震设计带来不利影响。

3. 保障转换层的结构刚度

转换层的刚度不足会直接影响建筑物的抗地震性能，因此，要保障转换层的结构刚度。转换层上部结构抗侧刚度接近下部结构抗侧刚度时，尽量避免发生转换层上、下刚度突变。同时，转换层下部结构不应成为薄弱层，应避免楼层承载力发生突变。

4. 转换层位置不能设置太高

要控制好转换层位置处于合理的高度，否则，转换层高度一旦超过要求，就会造成转换层的刚度低，转换梁、转换柱的受力性能无法满足要求，进而影响到建筑物转换结构方案的可行性。

对于大底盘多塔楼的商住建筑，塔楼的转换层宜设置在裙房的屋面层，并加大屋面梁、屋面板尺寸和厚度，以避免中间出现刚度特别小的楼层，从而减小地震带来的不利影响。

若底部转换层位置越高，则转换层上、下刚度突变就越大，转换层上、下内力传递途径的突变就越剧烈，落地剪力墙或墙体就容易出现受弯裂缝，从而使框支柱的内力增大，转换层上部附近的墙体容易发生破坏。因此，转换层位置越高，对结构抗震越不利。

5. 对转换结构的严格计算

建筑结构设计中较为重要的一部分是转换层结构设计，转换层结构设计对建筑结构的实用性和结构抗震性能都会带来重要的影响。因此，为保障转换层结构设计的准确性和科学合理性，应对相关设计数据进行严格的核算。特别是在建筑物的实际受力状态下的计算模型，应采用三维空间整体结构模型，且需确保计算的真实性和准确性。

6. 托柱形式转换梁设计

当转换梁承托上部普通框架时，相应的转换被称为框架转换。当转换构件承托的上部楼层竖向构件为框架柱时，在框架转换中，转换虽然改变了上部框架柱对竖向荷载的传力路径，但转换层上部和下部的框架刚度变化不明显，属于一般托换，对结构的抗震能力影响不大；转换构件受力特点变化不大，比如转换梁仍以弯剪为主，其抗震措施比框支转换适当减少。

托柱形式转换梁在常用截面尺寸范围内，转换梁的受力基本和普通梁相同，可按普通梁截面设计方法进行配筋计算；当转换梁承托上部斜杆框架时，转换梁将承受轴向拉力，此时应按偏心受拉构件进行截面设计。框支柱承受的地震剪力调整，可以采用有限元程序进行补充计算。

7. 托墙形式转换梁设计

第一，当转换梁承托上部墙体满跨不开洞时，转换梁与上部墙体共同工作，其受力特征与破坏形态表现为深梁，此时转换梁截面设计方法宜采用深梁截面设计方法或应力截面设计方法，且计算的纵向钢筋应沿全梁高适当分布配置。由于此时转换梁跨中较大范围内的内力比较大，故底部纵向钢筋不宜截断和弯起，应全部伸入支座。

第二，当转换梁承托上部墙体满跨且开较多门窗洞或不满跨但剪力墙的长度较大时，转换梁截面设计方法宜采用深梁截面设计方法或应力截面设计方法，纵向钢筋的布置则沿梁下部适当分布配置，且底部纵向钢筋不宜截断和弯起，应全部伸入支座。

第三，当转换梁承托上部墙体为小墙肢时，转换梁基本上可按普通梁的截面设计方法进行配筋计算，纵向钢筋可按普通梁集中布置在转换梁的底部。

转换梁的结构形式有很多种，目前高层建筑转换层结构的实际工程应用也很多。一般而言，高层建筑转换层结构的分析必须按施工模拟，使用各阶段及施工实际支撑情况分别进行计算，以反映结构内力和变形的真实情况。

8.转换层构造加强措施

（1）集中力处构造

普通框架梁或主梁设计时，集中力作用处两侧均设置加密箍筋或吊筋，这是结构设计中的普通做法。而对于框支梁，集中力作用处按普通框架梁或主梁一样设置吊筋是非常难以处理的。由于框支梁上柱沿梁长方向尺度较大，而且柱的轴力相当大，如设置吊筋，则吊筋在梁底部水平段较长，已失去吊筋的作用，且由于吊筋的数量相当多，容易与梁底筋形成很密的钢筋堆，不利于混凝土的浇注。所以在这种情况下，优先采用密箍是比较合理的。另外，加大混凝土强度也是有力措施。

（2）转移梁安全储备

因为转移梁的受力较大，且受力情况较复杂，它不但是上下层荷载的传递构件，而且是保证转移梁抗震性能的关键部位，起到承上启下的作用，是一个复杂的受力构件，故设计时应设有足够多的安全储备。

（3）转移梁的锚固

在竖向荷载作用下，梁端剪力及弯矩较大，所以必须加强构造措施，伸入支座的钢筋在柱内应有可靠的锚固。

（4）转移梁开洞

转移梁不宜开洞，若必须开洞，则开洞时应做局部应力分析，要求开洞部位远离框支柱的柱边，开洞部位要加强配筋构造措施。

（5）转移层楼板加厚

由于结构上部的水平剪力要通过转换层传到下部结构，转换层楼面在其平面内受力较大，楼板会产生变形，因此要适当加厚转换层楼板。通常采用厚度不小于180mm的现浇楼板，这样有利于转换层在其平面内进行剪力重分配，并加强转移梁的侧向刚度和抗扭能力，使实际情况更符合结构整体计算中楼层平面内刚度无限大的基本假定。

（6）转移层混凝土强度等级

转移层混凝土强度等级宜不小于C30。

（7）转移层楼板配筋

转移层楼板应采用双层双向配筋，且各层各向均应满足配筋率≥0.25%。

（8）转移层楼板开洞

转换层楼板要尽量保证连续，不宜有大的开洞或连续开洞，以形成可传递水平力的良好条件。当无法避免开洞时，应在洞口四周设置次梁或暗梁，楼板开洞位置尽可能远离转移梁外侧边。

因楼板开洞导致电梯筒的位置比较薄弱，所以在设计时采取加大电梯筒周边板厚且计算时按弹性板考虑的措施。

（六）尽量避免错层结构

错层结构为抗震不利结构体系，在地震高烈度设防区的高层建筑设计中应尽量避免设计错层结构。对错层结构应强调概念设计，在建筑方案的源头上加强建筑方案的优化，研究是否有可能将建筑方案中的建筑错层化解为结构不错层的结构方案，或将整层大面积错层化解为局部小范围的结构错层。总体思路就是在高层建筑设计中能不做错层结构就不做错层结构，能减少错层结构的范围就减少错层结构范围，尽可能实现不错层或少错层。

在错层结构中的抗震措施非常重要，对于因局部取消梁板而形成的联层柱，要控制其高度，加强结构构造措施。不宜采用似分不分、似连不连的结构方案，如果不能设缝断开，则需采取结构构造加强措施。

（七）优化为合理受力体系

从结构设计中对结构受力和变形分析可看出：

第一，均匀受力结构比集中受力结构好；

第二，多跨连续结构比单跨简支结构好；

第三，空间作用结构比平面作用结构好；

第四，刚性连接比铰接连接好；

第五，超静定受力体系比静定受力体系好；

第六，明确受力状态比不明确的受力状态好；

第七，结构对称、刚度对称比结构不对称、刚度不对称好；

第八，变形连续和协调比变形突变好。

在结构设计中既要分析各部分的直接受力状态，也要分析整体结构的宏观受力状态。从抗力材料来看，要尽量选用以轴向应力为主的受力材料，尽可能增加构件和结构的截面惯性矩和抗弯刚度、抗剪切能力和抗剪刚度，并合理地选用材料和构件截面。

从结构构件自身看，混凝土结构构件要避免剪切破坏先于弯曲破坏、混凝土压溃先于钢筋屈服、钢筋与混凝土的黏结破坏先于构件的自身破坏，避免造成脆性失效。

(八) 控制层高

在满足建筑立面和使用净高的前提下，减少层高不仅可以减少结构竖向构件的长度和体积，也可以减少基础的土建成本，还可以减少设备投入和运营期成本。

(九) 控制高宽比

建筑高宽比越大，主体结构抗倾覆力矩越大，结构安全所需抗侧力构件就会越多，因此会增加结构成本。控制高宽比是结构优化中的重要环节。

(十) 抗震设计中"隔震、减震"的利用

在抗震设计中，隔震、减震结构设计是利用隔震消能。其一般做法是在基础与主体之间设柔性隔震层，还可以在结构中设置消能支撑，起到阻尼器的作用。另外，还可以在建筑物顶部安装一个"反摆"，地震时它的位移方向与建筑物顶部的位移相反，从而对建筑物的振动加大阻尼作用，降低地震速度，减少建筑物的位移，以此降低地震作用效应。隔震、减震的合理设计可降低地震作用效应高达60%，并提高建筑物的安全性能。这一研究在国内外正广泛且深入地展开。在日本，隔震、减震研究成果已经广泛应用于实际工程中，取得了良好的经济效果和适用性效果。而在我国，由于经济、技术水平和人们认知的极限，隔震、减震设计在工程界尚未得到广泛的应用。

(十一) 高层建筑设计中的延性设计

在建筑抗震概念设计中，结构延性设计是高层结构设计中的一个重要内容。结构延性设计使建筑物在中等地震作用下，允许部分结构构件屈服进入弹塑性，在大震作用下，结构不至于倒塌。结构的整体性与延性主要依靠结构设计中构造措施的控制和保证。延性是指构件和结构屈服后，承载能力不降低或者基本不降低且具有足够塑性变形能力的一种性能。一般用延性比表示延性，即塑性变形能力的大小。

塑性变形可以耗散地震能量，大部分抗震结构在中震作用下构件进入塑性状态而耗散地震能量，耗能性能也是延性好坏的一个指标。在延性设计中应该做到"强柱弱梁""强剪弱弯""强节点""强锚固"的要求，也可通过提高各个构件的延性来提高整体结构的延性。

在框架剪力墙和剪力墙结构中，各段剪力墙高宽比不宜小于2，使其在地震作用下呈弯剪破坏，且塑性屈服，并具有足够的变形能力，使剪力墙的墙段在发挥抗震作用前不失效。按照"强墙弱梁"的原则加强墙肢的承载力，避免墙肢的剪切破坏，提高其抗震能力。提高延性设计主要采取的措施有提高梁的延性设计和提高柱的延性设计两种方式。

提高梁的延性设计可采取的方法有：

第一，选取合适的梁截面，梁上配置受压钢筋；

第二，提高现浇钢筋混凝土结构中混凝土的强度等级，不采用过高强度钢筋，加密梁的箍筋。

提高柱的延性设计的方法：

第一，严格控制柱子的轴压比；

第二，尽量选取剪跨比较大的长柱，设计中尽量避免采用短柱及超短柱；

第三，加密柱箍筋，采用复合箍筋；

第四，提高柱子混凝土强度等级，柱子采用双向纵向配筋，不采用过高强度钢筋。

应采取有效措施使建筑物具有合理的刚度和承载力分布以及与之匹配的延性。提高结构的抗侧移刚度，往往是以提高工程造价及降低结构延性指标为代价的。要使建筑物在遭受强烈地震时，具有很强的抗倒塌能力，较为理想的是使结构中的所有构件及构件中的所有杆件都具有较高的延性，然而，这样的设计在实际工程中很难做到。有选择地提高结构中的重要构件以及关键杆件的延性是比较经济有效的办法。例如，对于上刚下柔的框支剪力墙结构，应重点提高转换层以下的各层构件的延性；对于框架和框架筒体，应优先提高柱的延性。在结构设计中另一种提高结构延性的办法是在结构承载力无明显降低的前提下，控制构件的破坏形态，减小受压构件的轴压比，同时还应注意适当降低剪压比，以此提高柱子的延性。

延性设计在结构方案中的控制原则是应保证结构的刚度、强度、舒适度、延性均满足规范要求。小震作用下，要求主、次结构均处于弹性阶段，实现小震不坏的目标；中震作用下，主体结构基本处于弹性状态，无损坏或损坏程度较小，次结构有一定程度损伤，但损伤程度可修复，修复时不会对主体结构的稳定性和安全性造成很大影响；大震作用下，地震能量主要依靠次要构件耗散，少数抗侧力构件出现塑性铰，整体结构内力重分布，结构整体仍具有一定的抗侧刚度，可继续工作，也就是大震不倒。

（十二）应选择经济合理的楼盖体系

高层建筑中由于层数多，楼盖结构总质量大，楼盖结构占整体造价比重较高，因此，楼盖的类型、楼盖构件的尺寸、数量等对整体造价影响较大，需进行不同楼盖类型的选型对比分析，选择较为经济的楼盖方案。一般在住宅建筑中宜采用现浇梁板楼盖，而预应力楼盖的预应力钢筋在住宅建筑中容易被二次装修破坏，应谨慎选用。办公楼、商业楼等大空间结构，采用十字交叉梁、井字梁、预应力梁板楼盖方案较适宜。双向板比单向板经济，应尽量选用双向板楼盖体系。板的厚度，双向板宜控制在短跨的 $1/40 \sim 1/35$，单向板宜控制在短跨的 $1/30$，可见选择双向板可减少楼板厚度，对高层结构来说，可以减少结构总重量，进而对优化基础设计也有帮助。

（十三）优化剪力墙设置

在高层建筑剪力墙结构的底部，如果布置了商业功能，层高会较高，在结构设计中为满足规范对剪力墙底部最小厚度的要求，剪力墙厚度会布置得较厚。这时，可以通过验算超限墙体的稳定来减小墙厚。减小墙厚，就可以控制墙的最小配筋率，减少钢筋用量，从而控制造价。

剪力墙的长度和数量主要以位移指标来控制，根据规范，纯剪力墙结构的层间位移比限值为 1/1000。为充分发挥剪力墙的最大作用，设计时可以以 1/1200 ~ 1/1050 作为层间位移比的目标限值，在实际结构设计中不要过严地控制层间位移比，如控制层间位移比超过 1/1200。在满足规范要求、保证结构安全的前提下，发挥剪力墙的最大作用，减少或减短不必要的剪力墙布置，控制层间位移比，减少了剪力墙后，既节约了混凝土用量，又节约了钢筋用量，从而实现结构设计的优化。

剪力墙结构体系中，应研究和细化剪力墙的布置，往往剪力墙结构体系的优化空间较大。剪力墙结构的剪力墙布置宜采取规则、均匀、对称的原则，以控制剪力墙结构的扭转变形。在满足规范要求和满足计算要求的前提下，应采取以下原则：

第一，尽量减少剪力墙的数量，限制墙肢长度，控制连梁刚度；

第二，应遵循剪力墙能落地就全部落地的原则，尽量不设框支转换层；

第三，平面能布置成大开间的尽量布置成大开间，避免小开间剪力墙结构；

第四，剪力墙墙体的厚度满足规范构造要求和轴压比要求即可，不做人为的放大；

第五，剪力墙连梁刚度太大时，可通过设双梁方式、增大跨高比等措施降低连梁刚度；

第六，尽可能少采用短肢剪力墙结构；

第七，限制并尽量少使用"一"字墙构造；

第八，抗震设计的框架结构中，当只布置少量钢筋混凝土剪力墙时，结构分析计算应考虑该剪力墙与框架的协同工作。

对于剪力墙筒体结构来说，利用楼梯、电梯井道等竖向交通井道而形成的剪力墙筒体，其外围墙体对结构刚度的贡献最大，而内部墙体对整体刚度贡献并不大。在满足结构整体刚度的前提下，筒体内部的剪力墙不宜设置过多、过厚、过于零碎，否则会增加墙体混凝土用量和墙体钢筋用量，而且对结构并无益处。同时，从方便施工来说，剪力墙形成的筒体越是规矩、完整，施工就越便捷。从受力角度来说，当设梁支承于筒体外围墙上时，可增大外围墙的轴力，因而避免筒体外围墙的受拉，对结构是有利的，尤其是内筒的角部较为明显。

(十四) 优化短肢剪力墙设计

一般剪力墙是指墙肢截面高度与厚度之比大于8的剪力墙，短肢剪力墙是指墙肢截面高度与厚度之比为5~8的剪力墙。对于L形、T形、十字形等形状的截面，只有当每个方向的墙肢截面高度与厚度之比均为5~8时，才能视为短肢剪力墙。

高层建筑结构不应全部采用为短肢剪力墙的剪力墙结构。有可能的情况下，尽量采用普通剪力墙结构。当结构中短肢剪力墙较多时，应利用建筑楼梯、电梯、管井等竖向构件布置筒体或一般剪力墙，形成短肢剪力墙与筒体或一般剪力墙共同抵抗水平力的剪力墙结构。

短肢剪力墙设计中应符合下列规定：

第一，短肢剪力墙结构最大适用高度应比剪力墙结构的规定值有所降低，且7度、8度（0.2g）、8度（0.3g）抗震设计时，分别不应大于100m、80m和60m；

第二，抗震设计时，筒体和一般剪力墙承受的底部地震倾覆力矩不宜小于结构总底部地震倾覆力矩的50%；

第三，抗震设计时，短肢剪力墙的抗震等级应比规定的剪力墙的抗震等级提高一级采用；

第四，抗震设计时，各层短肢剪力墙在重力荷载代表值作用下产生的轴力设计值的轴压比，抗震等级为一、二、三级时分别不宜大于0.45、0.50和0.55；对于无翼缘或端柱的一字形短肢剪力墙，其轴压比限值相应降低0.1；

第五，抗震设计时，除底部加强部位应按规程调整剪力设计值外，其他各层短肢剪力墙的剪力设计值为一、二、三级抗震等级时剪力墙设计值应分别乘以增大系数1.4、1.2和1.1；

第六，抗震设计时，短肢剪力墙截面的全部纵向钢筋的配筋率，底部加强部位一、二级不宜小于1.2%，三、四级不宜小于1.0%；其他部位一、二级不宜小于 1.0%，三级不宜小于 0.8%；

第七，短肢剪力墙截面厚度不应小于 200mm；

第八，不宜采用一字形短肢剪力墙，短肢剪力墙宜设置翼缘。不宜在一字形短肢剪力墙平面外布置与之单侧相交的楼面梁。

（十五）超长结构处理

对于超长结构的建筑建议结合立面和功能要求设置永久伸缩缝，将地上建筑分为若干个结构单体。从结构角度可在伸缩缝处配合采用双柱、双面悬挑、单柱、单面悬挑的方式处理变形缝处的结构布置。

（十六）材料优化设计

材料自重对结构受力影响较大，应尽量选用轻型材料。如填充墙、隔墙采用轻质材料，可显著减轻结构自重，从而降低结构成本。

由于混凝土价格相对便宜，可适当加大混凝土强度等级来减少钢筋用量，但混凝土强度等级越高越容易开裂，所以也不能使用强度等级过高的混凝土。尽可能少地选用混凝土种类会给施工带来很大的方便和节省。

（十七）减轻自重的原则荷载优化设计

结构所承受的荷载主要有两类：竖向荷载和横向荷载。竖向荷载中绝大多数都是建筑物的自重引起的，水平荷载中的地震荷载与建筑物的自重也直接相关，所以减轻建筑物的自重是结构优化设计中一条重要的原则。减轻建筑物的自重对基础设计的优化也起着非常大的作用。

1. 材料选取

对于高层建筑，隔墙材料的选用对结构整体计算的影响较大。应在建筑方案阶段加以关注，选用较轻的隔墙材料及面层材料。非承重墙可选用轻质、隔声、隔热且价格较经济的新型建筑材料，如加气混凝土砌块、混凝土空心砌块、水泥玻璃纤维板、石膏条板、膨胀珍珠岩空心条板、轻钢龙骨隔墙板等。

2. 正确的荷载输入

荷载输入值的计算是否准确，关系到整个工程的计算结果是否正常。

荷载的计算应尽量精确，做到不漏算、不重算、不多算、不错算。

3. 优化荷载计入方式

填充墙上门窗开洞面积较大时，应扣除洞口部分的重量。地面、楼面、屋面、填充墙、隔墙、构筑物、建筑线条等恒载取值应按建筑做法和大样详细计算。如果对荷载的每一项都按最大值计算，整体结构的总荷载量会增加许多，因此，应按实际情况输入，不做无根据的统一放大。

（十八）核心筒优化设计

在高层建筑的设计中，电梯、楼梯等竖向交通盒通常会结合用来布置结构的核心筒。结构工程师应与建筑师共同研究核心筒的位置，尽量将核心筒布置在对称和居中的位置。使核心筒位置既满足建筑功能，又不会因为核心筒的偏置带来结构计算的困难，从而导致为了调整计算偏心而需要加大核心筒截面，甚至需要额外增加竖向构件来调整计算偏心。同时，在结构体系满足规范位移要求时，优化核心筒设计，尽量减少混凝土墙体设置的数量和墙体厚度，从而减少钢筋和混凝土的用量。

（十九）选用合理的柱截面

结构设计中很重要的一个部分是根据建筑柱网和功能以及结构轴压比等计算要求，合理地确定墙柱截面。结构设计中墙柱一般是压弯构件，其配筋在多数情况下，且至少在多数部位均应是采用构造配筋。因此，在其混凝土强度等级合理取值且满足轴压比要求的前提下，墙柱截面不宜过大，否则用钢量将随其截面增大而增加。

柱截面种类不宜过多也是结构设计需要考虑的设计原则。在柱网不均匀的建筑中，若由于局部柱网较大，使部分柱由于内力较大而需加大截面时，如果只考虑建筑便于装修而将所有柱截面放大采用统一较大柱截面时，就会带来用钢量的增加。这时，合理经济的做法是对局部需要加大截面的柱子配筋采用增加芯柱，加大配箍率、加大主筋配筋率，或采取设置劲性钢筋的方式提高其轴压比，从而达到控制其截面尺寸的目的。采用局部处理柱子配筋的方式，而不是采用普遍增大柱截面的方式，从而达到减少混凝土及钢筋用量、降低造价的目的。同时，普遍较小的柱子截面也对建筑使用率的提高以及方便功能布置起到了良好的作用，不仅是结构设计的优化，还是整个项目层面的优化。

（二十）设计参数优化

采用正确的计算模型和设计参数，直接影响结构设计的工程造价和成本，因此，严格审查计算模型和设计参数，一方面可以确保设计成果的正确性及有效性，保证结构安全；另一方面应调整和控制设计参数，使整体计算结果具有经济性和必要性，不至于过于安全，造成浪费和工程造价增加。在初步设计阶段需清楚每个设计参数的内涵，正确合理地选用。

当设计参数取值合理时，较为合理的结构设计基本上应具有以下特点：

第一，柱、剪力墙的轴力设计值绝大部分应为压力，且柱、剪力墙大部分构件应为构造配筋；

第二，底层柱、剪力墙轴压比大部分应比规范限值小 0.15 以内；

第三，剪力墙应符合截面抗剪要求；

第四，梁应基本上无截面抗剪、抗扭不满足要求的情况，同时，既不超筋，也不发生配筋率大部分小于 0.6% 的情况。

应在设计参数优化中着重考虑以下 3 个方面：

1. 活荷载折减

竖向构件考虑活荷载折减。

2. 偶然偏心

计算位移角时可不考虑偶然偏心。

3. 双向地震力

偶然偏心和双向地震力不同时考虑。

对于较规则的结构，扭转效应较小，可只计算单向地震力作用并考虑偶然偏心影响，不需要考虑双向地震影响，若考虑双向地震影响会使结构用钢量增加。但如果结构的质量和刚度分布明显不对称、扭转较严重时，应计入双向水平地震作用下的扭转影响。在考虑偶然偏心影响的地震作用下，楼层竖向构件的最大水平位移和层间位移，A 级高度高层建筑不宜大于该楼层平均值的 1.2 倍，不应大于该楼层平均值的 1.5 倍；混合结构高层建筑及复杂高层建筑不宜大于该楼层平均值的 1.2 倍，不应大于该楼层平均值的 1.4

倍。当超过以上限值时，结构扭转比较明显，需要考虑双向地震作用。多层结构可参考高层结构取值。

当结构扭转位移比超限时，可通过以下措施对结构进行调整：

第一，调整平面布置，使质量中心与刚度中心尽量接近；

第二，加强结构最外边一圈构件的刚度，提高结构抗扭能力；

第三，加大剪力墙、柱、梁截面，改变层间刚度与楼层刚度比。

4. 柱单偏压和双偏压

对于普通框架结构柱按单偏压计算，采用双偏压计算校核，只对异型柱按双偏压计算。按双偏压计算时柱钢筋用量增加较为明显。

5. 刚域

梁柱重叠部分考虑刚域影响，可降低梁的配筋，不考虑刚域影响时梁配筋应参考柱边弯矩配筋。

6. 梁设计弯矩放大系数及配筋放大系数

建议梁设计弯矩放大系数及配筋放大系数取 1.0，没有必要对弯矩系数及配筋系数进行整体放大。可在施工图设计阶段针对薄弱的构件，如悬挑梁、吊挂构件等，进行适当的配筋放大，提高局部薄弱构件以及超静定次数少的构件的安全储备。

7. 梁刚度放大系数

建议梁刚度放大系数中梁取 2.0 ~ 2.2、边梁取 1.3 ~ 1.5。梁刚度放大系数主要反映现浇楼板作为梁的有效翼缘对楼面梁刚度的贡献。由于刚度大小直接影响内力分配，考虑不当会使构件配筋不准确，不利于结构安全或不利于结构优化。

8. 周期折减系数

周期折减系数直接影响结构竖向构件的配筋，如果盲目折减，则会造成结构刚度增大，相应的地震力也增大，产生的后果是墙柱配筋增大。周期折减系数应根据填充墙实际分布情况进行选择，对于填充墙较多的框架结构，周期折减系数可取 0.75 ~ 0.85；对于填充墙较少的纯剪力墙结构，周期折减系数可取 0.85 ~ 0.95，甚至可以不折减。

9. 连续梁调幅

对连续梁进行调幅可节约部分梁钢筋。

10. 连梁判断

当剪力墙连梁跨高比大于5时，其受力特性已变成受弯为主的框架梁，应按框架梁输入，而不是按连梁输入；当梁一端与剪力墙平面外相接时，应按框架梁输入而不是按连梁输入。

11. 底层柱底弯矩放大系数

对于框架—抗震墙结构，由于其主要抗侧力构件为剪力墙，框架部分的底层柱底可不按框架结构那样乘以弯矩放大系数。一、二、三、四级框架结构的底层柱下端弯矩放大系数分别是1.7、1.5、1.3、1.2，这个弯矩放大系数对底层柱配筋计算结果影响较大，尤其对抗震等级较高的框架—抗震墙结构的一、二级框架柱的下端配筋影响很大。

12. 各项指标

检查整体计算的总信息、位移、周期、地震力与振型输出文件，查看各个指标是否控制在合理范围内，如轴压比、剪重比、刚度比、位移比、周期、刚重比、层间受剪承载力比、有效质量比、超筋信息等。如均在合理范围内，说明结构设计较合理，否则应继续优化。

(二十一) 优化结构构造

合理的结构构造一定是和建筑构造要求相一致的，同时，也在实际工程中便于施工的。应注意采用以下结构构造方式：

第一，楼电梯间不宜布置在房屋端部或转角处。楼电梯间设在端部对抗扭不利，设在转角处还会产生应力集中的问题。

第二，框架结构层刚度较弱时，加大柱尺寸或加大梁高都可显著增大层刚度，而加大混凝土强度等级则效果不明显。

第三，柱的截面尺寸，多层宜2~3层调整缩小一次，高层宜结合混凝土强度的调整每5~8层调整缩小一次。从节省用钢量的角度出发，墙柱截面应尽量小，只要符合50mm模数，几乎可以每层都收级减小，但从结构整体特别是从施工角度考虑，一幢高层建筑的墙柱截面变化过于频繁、截面种类过多会造成使用和施工的不便，这种只顾局部不顾全局的结构优化设计做法也是不可取的。

第四，对于多层框架结构，当位移指标超标时，可采取布置少量剪力墙的做法使整体结构的位移指标满足要求。这时的结构仍按框架结构确定抗震等级，不需要按框架—剪力墙结构确定剪力墙的抗震等级，剪力墙设计时抗震等级可按三级采用且不设底部加强区。这时如果将剪力墙的抗震等级设置过高以及按底部加强区配筋，会带来浪费。与此同时，框架部分还需做到满足不计入剪力墙时框架的承载力要求。

第五，高层剪力墙结构的窗下墙尽量采用填充墙而不是采用混凝土墙体，这样可以减小剪力墙结构的整体刚度，减小地震作用，延长结构周期，从而减少结构的混凝土用量及钢筋用量。

第六，剪力墙结构对于当仅有少量墙肢不落地时，且其负荷面积占楼层面积范围小于10%时，可按个别构件转换考虑，不必把整层结构都作为转换层结构计算及考虑构造。

第七，建筑隔墙下可不设梁，在楼板中采取配筋加强措施即可。对于住宅建筑中的厨房、卫生间等有隔墙处，因为楼板本身足以承载那些填充墙，不需要在隔墙下单独设梁。这样梁的数量减少了，一方面成本降低；另一方面建筑空间功能和灵活性也更好了。

第八，宽扁梁自重大、配筋效率较低，应尽量选用正常梁截面，避免采用宽扁梁。选取合适的梁高，尽量控制梁配筋率在0.8%～1.8%。

第九，尽量避免梁宽≥350mm，因为梁宽≥350mm的梁箍筋需采用4肢箍，带来箍筋用量的增加。

(二十二) 构件配筋设计优化

对于构件的配筋设计优化主要体现在施工图设计阶段，在结构设计中通过对构件的精细化配筋设计降低钢筋用量。这时，一方面要合理选择钢筋级别，另一方面要合理控制钢筋用量。基础底板、柱、墙、梁、板、楼梯、水池等构件的配筋设计在满足计算要求以及规范最小要求的前提下，避免不必要的拉通通长配筋，在结构设计中应按计算配筋，该断钢筋的地方断钢筋，该用大直径钢筋换小直径钢筋的地方换小直径钢筋，该使用构造钢筋的地方使用构造钢筋，不能以画图方便为原则，做过多的配筋归并，而是应该在结构设计中以合理节约为原则。

由于混凝土结构的裂缝宽度与钢筋应力有关，与钢筋强度级别的关系并不大，当采用较高强度的钢筋时，在抗裂作用中钢筋并不能充分发挥作用，这时可采用较低强度钢筋作为抗裂钢筋。

在构件配筋优化设计中应注意以下内容：

1. 有针对性的配筋

程序中自动生成的配筋往往不尽合理，不能直接使用，对程序中的配筋要加以判断后才可使用，不能盲目地机械性使用程序的配筋输出结果。同时，对于程序配筋输出结果中的不合理情况要加以分析，找出原因，必要时进行多程序验证后方可使用。在计算中要有针对性地采用人工配筋，钢筋归并系数要取得小一些。结构设计中钢筋归并时，用较大配筋包络较小配筋，归并系数过大会造成比较多的浪费。

2. 合理确定结构竖向分段

应仔细研究计算结果，结构竖向应按计算结果划分归并区段，使同一归并区段内的配筋结果相差不大再进行归并，按照归并结果的划分进行结构竖向分段出图。

为了实现结构优化设计，多层建筑宜层层出图，不进行结构竖向归并；高层建筑宜每3~4层作为一个结构竖向归并区段出图，不宜做过多归并。

3. 采用高强钢筋

结构设计配筋中的受力钢筋尽量选用高强钢筋（吊钩只能采用一级钢）。

4. 抗裂钢筋的选用原则

在结构设计中用于抗裂要求的钢筋均应采用较细钢筋、较密布置的原则。

5. 优化板配筋

第一，楼板受力钢筋采用高强钢筋。在没有特殊情况下，楼板配筋一般采用分离式配筋，板跨较小且上筋相同时允许拉通。在楼板上筋中拉通筋满足计算和构造要求即可，不用人为放大，其余配筋可采用支座处附加短钢筋的方式。楼板分布筋和温度钢筋可采用非高强钢筋。

第二，对于楼板端跨以及跨度较大的楼板，上筋需拉通时可采用支座1/4板跨按计算配筋配置，跨中用较小直径钢筋与支座钢筋受拉搭接的方法连接，以节省钢筋。

6. 优化梁配筋

第一，梁的上部纵筋不做人为的放大，下部纵筋可根据使用功能的情况略做放大，放大幅度控制在 5%～10%。

第二，有可能的情况下，梁纵筋优先选用较小直径的钢筋，有利于裂缝控制，还可减小钢筋锚固长度，从而降低钢筋用量。

第三，在次梁配筋以及抗震等级为四级的框架梁中，上部纵筋架立筋可不贯通配置，上部纵筋可在跨中部分采用较小直径钢筋搭接的方式减少用钢量。

第四，在计算梁的构造腰筋间距时，应扣除楼板厚度。

第五，在配置抗扭钢筋时，应将构造腰筋的量计入抗扭纵筋中。

第六，根据计算结果设置箍筋加密区和非加密区，按计算区别对待，不要统一规定加密区范围。

第七，根据计算结果，按照跨度及荷载大小分段配筋，不能不分跨度大小采用同一配筋。

7. 优化剪力墙配筋

第一，约束边缘构件和构造边缘构件中按抗震等级、剪力墙部位确定纵筋配筋率和配箍率时，主筋及箍筋间距不一定取 50 的倍数，也可取其他数值，不一定只取 @100mm、@150mm，也可根据计算结果取 @120mm、@140mm、@160mm 等数值。

第二，在约束边缘构件和构造边缘构件中的纵筋也可按计算结果选用直径，必要时可选用不同钢筋直径搭配使用，不一定全部选用同样直径的钢筋，以达到最优的接近计算结果的配筋率。

第三，剪力墙结构中的约束边缘构件和构造边缘构件的箍筋、拉筋直径满足构造最低要求即可，无须放大。

第四，十字形剪力墙，交叉部位可不配置暗柱，按墙体构造要求配筋即可。

8. 优化柱配筋

在框架结构和框架—剪力墙结构中采取有效措施，避免形成柱净高与柱截面高度之比不大于4的短柱，规避短柱及柱子箍筋需按抗震规范全高加密的构造要求。

(二十三) 混凝土强度等级的合理使用

混凝土强度等级每增加一级，混凝土单价提高约 4% ~ 6%。混凝土强度等级对柱及剪力墙轴压比的影响比较明显，应优先选用较高强度等级的混凝土；混凝土强度等级的高低对梁的承载力影响并不大，应选用相对较低强度等级的混凝土；对板来说，虽然混凝土强度等级提高对承载力有提高，但混凝土强度等级提高后最小配筋率相应增大，楼板开裂的概率也会增大，所以也应选用较低强度等级的混凝土。设计时应将墙、柱、梁、板混凝土强度等级区别对待，以达到整体结构承载能力最大化的目的。

(二十四) 有的放矢的配筋理念

构件配筋需根据计算结果合理配置，对重要部位如大悬挑、重荷载部位可以放大配置；次要构件可以严格按照计算结果配置，在设计中做到有的放矢，区别对待。

参考文献

[1] 曲志 . 现代建筑结构设计优化 [M].哈尔滨：黑龙江人民出版社，2019.01.

[2] 陈志华，尹越，刘红波 . 建筑钢结构设计 [M].天津：天津大学出版社，2019.01.

[3] 李从林，孙建琴 . 现代大型建筑结构简化分析方法与应用 [M].北京：科学出版社，2019.03.

[4] 杨龙龙 . 建筑设计原理 [M].重庆：重庆大学出版社，2019.08.

[5] 张建新，宁欣，陈小波 . 建筑结构 [M].沈阳：东北财经大学出版社，2019.02.

[6] 林拥军 . 建筑结构设计 [M].成都：西南交通大学出版社，2019.12.

[7] 何培玲 . 建筑结构与选型 [M].武汉：武汉理工大学出版社，2019.11.

[8] 曹孝柏，伊安海，张建新 . 建筑结构第 3 版 [M].北京：北京理工大学出版社，2019.01.

[9] 李玉胜 . 建筑结构抗震设计 [M].北京：北京理工大学出版社，2019.05.

[10] 申钢，杜瑞锋，徐蓉 . 建筑结构抗震第 3 版 [M].北京：北京理工大学出版社，2019.11.

[11] 李琮琦 . 建筑结构 [M].南京：东南大学出版社，2020.09.

[12] 徐明刚 . 建筑结构 [M].北京：北京理工大学出版社，2020.06.

[13] 朱浪涛 . 建筑结构 [M].重庆：重庆大学出版社，2020.09.

[14] 刘雁 . 建筑结构第 4 版 [M].北京：机械工业出版社，2020.10.

[15] 吴秀丽，马成松 . 建筑结构抗震设计第 3 版 [M].武汉：武汉理工大学出版社，2020.12.

[16] 刘水，李艳梅，冯克清 . 常见建筑结构加固与技术创新 [M]. 昆明：云南科技出版社，2020.08.

[17] 龙建旭，胡伦 . 建筑主体结构检测 [M]. 武汉：武汉理工人学出版社，2020.09.

[18] 孙世民，李远坪 . 建筑结构 [M]. 天津：天津科学技术出版社；天津出版传媒集团，2020.01.

[19] 袁康，宋维举，李广洲 . 镶嵌复合墙板装配式钢结构建筑设计指南 [M]. 武汉：武汉理工大学出版社，2020.10.

[20] 兰定筠，叶天义，黄音 . 建筑结构第 3 版 [M]. 北京：中国建筑工业出版社，2020.01.

[21] 陈涌，窦楷扬，潘崇根 . 建筑结构 [M]. 哈尔滨：哈尔滨工业大学出版社，2021.10.

[22] 周颖 . 建筑结构抗震 [M]. 武汉：武汉理工大学出版社，2021.04.

[23] 熊海贝 . 高层建筑结构设计 [M]. 北京：机械工业出版社，2021.08.

[24] 李英民，杨溥 . 建筑结构抗震设计第 3 版 [M]. 重庆：重庆大学出版社，2021.01.

[25] 张瑞云，朱永全 . 地下建筑结构设计 [M]. 北京：机械工业出版社，2021.05.

[26] 李云峰，郭道盛，张增昌 . 高层建筑结构优化设计分析 [M]. 济南：山东大学出版社，2021.05.

[27] 何子奇 . 建筑结构概念及体系 [M]. 重庆：重庆大学出版社，2021.12.

[28] 周云 . 高层建筑结构设计精编本第 3 版 [M]. 武汉：武汉理工大学出版社，2021.06.

[29] 孙飞 .BIM 技术在建筑结构设计中的应用与实践 [M]. 西安：西北工业大学出版社，2021.04.

[30] 白国良，韩建平，王博 . 高层建筑结构设计 [M]. 武汉：武汉大学出版社，2021.08.